虫出江湖

别样的昆虫世界

王江◎著

人民邮电出版社

北　京

图书在版编目（CIP）数据

虫出江湖 ：别样的昆虫世界 / 王江著. -- 北京 ：
人民邮电出版社，2021.5
ISBN 978-7-115-54358-5

Ⅰ．①虫… Ⅱ．①王… Ⅲ．①昆虫—图集 Ⅳ.
①Q95-64

中国版本图书馆CIP数据核字(2020)第117064号

内 容 提 要

本书是生态摄影记者王江 20 年来致力于拍摄昆虫的手记。他的生态摄影作品曾多次获得国家级奖项。本书通过数百张精美、罕见的昆虫野外生态照片以及对昆虫识别特征、生活习性、分布地区的描述，介绍了螳螂、蜻蜓、食虫虻、凤蝶、飞蛾、蜉蝣、蝉、蝗虫等昆虫不为大多数人所知的江湖生活。本书行文优美，有带入感，将昆虫的生活习性与栖息地的环境娓娓道来，表达了对自然神秘与奇美的赞叹，对人与自然和谐共生的体悟与思考。

本书适合昆虫爱好者、自然摄影爱好者、昆虫学研究者等热爱大自然的读者欣赏和收藏。

◆ 著　　　　　　王 江
　　责任编辑　　李媛媛
　　责任印制　　陈 犇

◆ 人民邮电出版社出版发行　　北京市丰台区成寿寺路 11 号
　　邮编　100164　　电子邮件　315@ptpress.com.cn
　　网址　https://www.ptpress.com.cn
　　北京宝隆世纪印刷有限公司印刷

◆ 开本：787×1092　1/16
　　印张：17.25　　　　　　　　　　2021 年 5 月第 1 版
　　字数：287 千字　　　　　　　　2021 年 5 月北京第 1 次印刷

定价：129.90 元

读者服务热线：(010)81055410　印装质量热线：(010)81055316
反盗版热线：(010)81055315
广告经营许可证：京东市监广登字 20170147 号

序

喜欢一件事，并坚持投入其中，终会有所收获。得山（作者网名）之于摄影便是如此。

21 世纪初，数码相机迅速兴起，给摄影者带来了前所未有的全新感受，人们不再纠结于胶片与冲印的昂贵，不再困惑于测光、物距、景深等专业名词的晦涩，摄影变得更加简单、快乐。当大多数摄影者沉浸在拍人像、拍风光的兴奋中，得山已经踏上了生态摄影之路，远离高门广厦，心系山泽虫鸟。

每年 4、5 月份，春风送暖，万物复苏，得山开启拍摄模式。辽沈地区地处长白山余脉，周边植被丰茂，物种丰富，得山最开始时在沈阳周边的棋盘山风景区内、沈阳国家森林公园拍摄，逐步向周边扩展，自驾远行，抚顺三块石，鞍山千山，丹东五龙山、凤凰山，锦州闾山，凤城刘家河，处处留下了得山跋涉的足迹和寻觅的身影。

记得有一年夏天陪得山去森林公园，在山门处下车，背着沉重的器材走到半山腰时我已精疲力竭，得山取出相机，坚持独自继续向前寻找拍摄目标，我则守着两个背包在山坡旁的一块大石头上坐等。正午的阳光暖暖地洒在身上，耳边的微风伴着鸟语和虫鸣，偶尔有三两个游人从山顶下来，用好奇的目光打量落单的我。过了很久，得山一直没有消息，手机没有信号，太阳已没入山坳，身旁渐渐没了游人，我有些着急，想向前走去找他，但那两个摄影包上落满了蜡，让我畏足。就在我担心、犹豫的时候，得山匆匆归来，原来，他在山的另一侧发现了一对交配产卵的螳螂，趁着午后适宜的光影，"忘我"地拍摄到夕阳西下。

熟悉得山的同事朋友都知道他是个生态迷，喜好拍摄昆虫，每遇得山给大家拍合影或人像时，总会有人提醒他说"得山，要把我们拍得比虫子好看哈"，引得大家一阵欢笑。

知之者不如好之者，好之者不如乐之者。没有什么比乐在其中更能成为学习的动力。

随着时间的推移，拍摄到的昆虫的种类和形态越来越多，一些疑问随之而来，比如名称、习性等。拍摄之余，带着这些问题，得山开始查阅资料，请教专家。在不断地拍摄与学习中，各类昆虫照片逐步积累，形成完整的系列，蝴蝶、蝉、蜂、蜉蝣……，卵、幼虫、蛹、成虫……，一张张精美的照片传递着得山对摄影的执着、对生命的珍视、对自然的热爱。

东北的冬天来得早，10月过后，朔风乍起，叶落草枯，虫儿们隐匿了身影，得山也收起行囊，躲进书房，一边整理照片，一边书写文章，用图文并茂的方式讲述这些昆虫的生长故事和拍摄趣闻。徜徉在文字和图片所描绘的春天里，仿佛重回绿野青峰，再次感受昆虫世界。

每一次出发都怀揣梦想，每一次归来都收获快乐，每一篇文章都是一个故事，每一张照片都承载着对未来的向往——向往绿水青山、万物生长、安宁祥和；向往人与自然共生，我们的生存环境越来越美好……

黄小米

2020 年 2 月 14 日

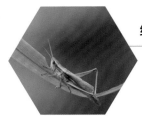

命运多舛的杀手——螳螂

螳螂在有的地方也叫刀螂，隶属动物界节肢动物门昆虫纲里的螳螂目。目前全世界共有2 000多种，分布于热带、亚热带和温带的大部分地区。在我国，螳螂的种类也很多，目前已知的就有100多种。而东北独占4种，即中华大刀螳、广斧螳、薄翅螳、棕污斑螳。

螳螂在昆虫界享有"温柔杀手"的美誉。早在2 000多年前，我国就有"螳臂当车""螳螂捕蝉，黄雀在后"的寓言。法布尔等西方学者根据螳螂平时总是把两个前足收于胸前——类似祈祷的形象，把螳螂比作"祈祷者"，这也只是近百年的事。其实螳螂这虔诚的姿态背后却暗藏杀机，这正是它捕虫前的准备。螳螂从若虫期到成虫期一直是食肉的昆虫。然而，它捕食的大多是害虫，对庄稼有益，是我们人类的朋友，受到人们的喜爱。

螳螂的头为三角形，能旋转，头生一对多节且呈

◎ 傍晚，一只雄……翅膀吓唬路边的其……

◎ 中华大刀螳迁飞

丝状的触角，为它增添了几分威武；颈细长，一对外突复眼；6足。它平时潜伏在植被中，只对移动的物体感兴趣，捕猎时靠转动头部来盯住猎物。螳螂前足的第3、4节上生有不规则的锯齿状硬刺，这是它值得骄傲的一对秘密武器。螳螂一旦捕捉到猎物，猎物的一切反抗都是徒劳的，在螳螂的"铁"夹子下，猎物越挣扎越会加速死亡，逃跑只是一种妄想。也许，这就是杀手的性格。

◎ *广斧螳孵化*

危险重重的童年

螳螂从出生到童年并非一帆风顺，处处险象环生。就以我国北方常见的中华大刀螳来说，它一年一个世代。螳螂卵在卵鞘的保护下越冬，第二年孵化。每年的6月树木枝繁叶茂，野草丛生，温度适宜时,螳螂卵的孵化季节来到了。上年秋天产的卵经过8个多月的"长眠"，终于开始苏醒了，小螳螂们成群结队地从卵鞘的两侧悬吊而下，形成绝妙的奇观。它们依靠腹部的细丝与卵鞘相连，开始时被一个长方形的薄薄的膜包着，小螳螂左右摇摆一会儿后才破膜而出，等到整个身子变得稍硬些了便爬到一边休息。然而就在这孵化过程中，并非所有的小螳螂都那么幸运，有很多小螳螂因无力挣脱卵膜，挂在细丝上慢慢地死去了；有的螳螂虽然挣脱掉了卵膜，却因为十分弱小，刚

◎ *中华大刀螳孵化*

◎ 这只倒霉的云斑车蝗成了杀手的"下酒菜" ◎ 这只螳螂的若虫机警地回头，它似乎发现了"黄雀"就在身后 ◎ 中华大刀螳（雌性）蜕皮

一落地就遇到了蚂蚁围剿，成为蚂蚁的美餐。只有一小部分幸存的螳螂依靠风或自己的脚力扩散开来，开始了自己在江湖中的多舛命运。

螳螂的生长和其他昆虫一样，受外骨骼的制约，只有靠即蜕皮身体才会变大。小螳螂成活后，大约两周后开始第一次蜕皮，螳螂的一个世代大约要进行 8 到 9 次蜕皮。蜕皮的过程是，只要时机成熟，螳螂就倒悬于植物上，大约一小时后，皱巴巴的新皮完全蜕了出来，等新皮完全变硬后，螳螂才开始活动。蜕皮一次，螳螂的个头就变大一些，直到成熟。螳螂就是通过这种方式进行换龄的。

螳螂小的时候急需营养且不耐饿，为了寻找食物填饱肚子，它们显得非常活跃，喜欢跳跃，整天东奔西走。此时，最适合它们胃口的也只有蚜虫甚至更小的昆虫了。在长期捕捉不到食物时，小螳螂们会做出互相残杀之举，这正是弱肉强食，强者生存。这看似非常残酷，但保证了种群的强盛。大自然就是这么安排的，让生物们历经灾害、天敌和同类择优汰劣。在一个卵鞘里生活的小螳螂们能活下来实属不易，能有机会活到下一龄的只有一小部分幸运儿了。

杀手的江湖磨难

人们喜欢螳螂不仅因为它捕杀害虫，还因为它经过几次羽化后那更加强壮的身体、"大刀闪闪"的好斗性格、那不屈不挠追杀猎物的本色。每当在草丛中飞舞或跳跃的螽斯等来到螳螂眼前的时候，它的复眼和颈部的本体感受器神速地把昆虫的形状、大小、飞行速度、跳跃方向报告给大脑指挥部，再由大脑发出捕捉的命令。于是，螳螂迈开4只脚，慢慢地一步一步地移向昆虫，只要昆虫做出下一个动作，螳螂便立即用大刀般的前足猛地向昆虫出击，其速度之快如同电击一般，猎物还没反应过来便已成了螳螂的刀下"活"尸。不论是鸣叫的蝉、飞舞的蝶、蹦跳的蝗虫，还是庞大的螽斯、善飞行的蜻蜓、丑陋的苍蝇等，只要在螳螂的捕猎范围之内，一瞬间都会成为螳螂的美食。

昆虫间相互制约的关系是很复杂的。像螳螂这样的杀手，亦不能称霸江湖。蜘蛛就

◎ 一只螳螂若虫抓到一只大个头的黄蜻，杀手永远都不能被低估

◎ 中华大刀螳（雄性）最后一次蜕皮

◎ 刚刚完成蜕皮的螳螂，其翅膀薄如蝉翼

◎ 一个风和日丽的早上，螳螂完成了若虫的修炼，蜕变为成虫，开始了自己平生最威风的时期

◎ 这只螳螂若虫没能在蜘蛛的网上死里逃生，蜘蛛的打包迅速、准确、结实

常常扮演螳螂克星的角色，当螳螂专注捕食的时候，不仅忘记了身后有要吃它的黄雀，还常常忘记自己和昆虫中间有一张透明的蜘蛛网，结果往往昆虫没抓到，自己还落入网中。螳螂自然不喜欢这样，它挥舞"大刀"拼命挣扎。可是，那刀就像砍在棉花上，毫无作用。这时蜘蛛会迅速爬过来，同时从尾部拉出细丝来"打包"螳螂，蜘蛛在螳螂的刀下辗转腾挪，游刃有余，只一会儿工夫，威武的螳螂就成了蜘蛛的死囚。蜘蛛再迅速爬回原来的僻静处静观其变。此时，螳螂的两个"大刀"已经被牢牢地缠住，但它仍在做无用的挣扎。虽然，拍到这样的场面我很兴奋，因为我又得到了一张真实的生态图片。但我也非常同情这只马上就要换龄，步入性成熟期的雌性螳螂。我本能地伸出手想把网上的螳螂营救下来，但我马上看到了那焦躁不安的蜘蛛正愤怒地盯着我，像是在警告我说"这就是我们昆虫界的生态法则，少管闲事"。于是，我打消了营救念头。稍后，蜘蛛疯狂地扑向已经没有反抗能力可依然鲜活的螳螂。除了蜘蛛会给螳螂带来

巨大麻烦外，还有一种叫真菌的菌种也会给节肢动物带来致命灾难。这种真菌专门寄生于昆虫的体内，当昆虫感染上真菌后，脑部就被真菌控制了，慢慢地就会停止爬行，处于静止僵硬状态，保持着爬行的状态直到死亡。真菌促使濒死的昆虫向高处爬，到达地形有利的地方，这样有利于成熟的孢子四散传播。我们的杀手亦不例外地会受到真菌的入侵。这时螳螂的各个关节处都生出白色的菌，死得颇为悲壮。螳螂在成为杀手的成长过程中还会遇到寄生虫的困扰。有一种叫铁线虫的寄生虫会促使螳螂投水自尽，以便自己钻入水中，寻找蜻蜓的若虫产卵，而被寄生的蜻蜓飞出水面后会再被螳螂吃掉。这样，铁线虫的幼虫就能在螳螂的体内寄生了。

◎ 从螳螂腹内钻出来的铁线虫

◎ 这是受到真菌入侵而死的螳螂，其症状是每个关节处都长出白色的菌毛。图中这只螳螂死了也要保持自己杀手的尊严

◎ 螳小蜂是螳螂的天敌，专门在螳螂的卵鞘里生产自己的后代

◎ 螳小蜂真是胆子大，这只中华大刀螳正在产卵，它冒险将自己的卵产在螳螂的卵鞘里

　　自然界的法则就是适者生存。杀手螳螂以勇敢和机智逃过了种种劫难，但更严重的劫难是常常面临的食物短缺。怎么办？只有在杀手与杀手之间解决，于是刀对刀，大打出手，各施绝技以置对方于死地。只有吃掉对方才有机会进行最后一次换龄。通常体形较大者获胜。但是，由于螳螂之间相互了解对方的弱点，相互厮杀、争斗都是致命的，即便是胜利者有的时候也伤痕累累。如果螳螂的前足在争斗中负伤就会直接导致羽化的失败。这一悲剧连生物学家都感到惋惜。

◎　由于右前足在争斗中受伤，当羽化到右前足的时候难以往下进行，它将悬吊在野菊花上慢慢死去

◎　原本是一对伴侣，一言不合就开打，结果两败俱伤，雄虫已是奄奄一息，雌虫也难以脱身（中华大刀螳）

◎　同室操戈（棕污斑螳）

◎　对雌虫来说，身边的雄虫就是最方便的食物了（薄翅螳）

生命的延续

9月的北方天高云淡，秋风送爽，早晚略带凉意。

拼到最后的螳螂终于成功地完成了最后一次蜕皮。与以往不同的是，经过最后这次蜕皮的螳螂生出了两对美丽的翅膀，并且迅速步入性成熟期。雌性螳螂性成熟后，为了吸引雄性螳螂，会主动释放出雌性外激素。当雄性螳螂一路闻过来发现雌性螳螂后，非常小心地观察一会，当"确认"以后，便一跃而起，迅速跳到雌性螳螂的背上，用前足紧紧抓住雌性螳螂的翅膀根部，同时弯下腹部进行交尾。整个过程持续大约几小时，也有个别的持续时间更长。因雌性螳螂在交配、产卵的过程中必须消耗大量的体能，因此交配时的雄螳螂就成为其最方便的一种食物了。于是就会上演一出"妻食夫"的惨剧。虽然看起来十分残酷和野蛮，但雌性螳螂会通过这种方法来摄取能量，从而成功地繁衍后代。在通常情况下，如果雌性螳螂不那么饥饿，是不会吃雄性螳螂的。交尾结束后，雄性螳螂会迅速从雌性螳螂的身上逃离，停留大约3到5分钟，然后逃之夭夭。过几天这只雄性螳螂会再次走向求婚之路。假如下一次碰到的"夫人"正处在饥饿中，就不会这么幸运地从"夫人"的背上下来了。也许，会被"夫人"当点心。

◎ 一大早螳螂开始上演"妻食夫"的惨剧

◎ 得到"礼物"的雌性螳螂高兴地品尝食物，全然不顾身后竟有两只"求婚者"

◎ 薄翅螳交尾

在自然界有很多说不清的谜，有的时候雌性螳螂会表现得异常温和，两只雄性螳螂同时爬到它的背上也不恼火，让我们看到了三螳共舞的难得场面。

对于螳螂来说9月是爱情月（也有个别的延续到10月），交尾结束后紧接着就是孕育下一代了。雌性螳螂产卵时一般不太挑地方，只要向阳就可以。

◎ 两只棕污斑螳在争夺"伴侣"，殊不知这个"伴侣"是薄翅螳，它们体型相差悬殊，注定不会有结果

◎ 薄翅螳也是雄多雌少

◎ 在野外的山里，经常会出现多只雄性螳螂与一只雌性螳螂约会的场面，图为中华大刀螳

◎ 安全永远最重要，隐蔽色让这对"恋人"非常安全

◎ 躲在玉米
叶子后面交尾
的螳螂

棕污斑螳产卵

正在产卵的中华大刀螳

气温骤降，雄性螳螂还没从雌
性螳螂的背上跳下来，雌性螳螂已
经迫不及待地开始产卵了，上演了
一出峭壁上的绝唱

树上、山坡上、石阶上、墙壁上、草棍上等地方都可以产卵。螳螂产卵时也是倒悬的，它一边从它的腹部末端的产卵管中分泌出一种黏稠的液体，一边用尾端的两个瓣膜一开一闭地搅动液体，带进空气，把液体搅成泡沫状，然后才开始产卵。每产一层卵，就盖上一层泡沫。泡沫很快干涸，形成固体，成为卵鞘。只要食物丰富，雌性螳螂即使不交尾也能产出卵块，只是这些没有受精的卵是不会孵化出小螳螂的。也有这样的现象，螳螂完成交尾后，雄性螳螂还没来得及从雌性螳螂的身上跳下来，雌性螳螂就迫不及待地开始产卵了。

◎ 正在交尾的棕污斑螳

产完卵的雌性螳螂和幸存的雄性螳螂会在日后逐渐变冷的天气里耗尽自己最后的体力。

近年来，因环境污染和农药喷洒，螳螂的生存范围上正在缩小。只能在树林和草丛中找到螳螂，在农作物上已很少能寻到"杀手"的影子了。

◎ 逆光下的螳螂若虫

17

历尽磨难的杀手——蜻蜓

在昆虫的王国里，蜻蜓被视为不折不扣的杀手。这是因为它有着绝对的制空权、敏捷的飞行动作和进退自如的飞行能力，同时还具备能测出对方距离的"电子眼"。一旦猎物被蜻蜓锁定，无论它是在空中飞行还是在地面上躲藏都难逃在第一时间被蜻蜓定点"清除"的命运。

◎ 闪蓝丽大蜻羽化瞬间，图为稚虫刚从壳里钻出来

◎ 闪蓝丽大蜻的翅膀还需要晾晒，暂时不能飞行

◎ 完成翅膀晾晒的闪蓝丽大蜻随时准备起航

自然界里杀手和猎物之间的争斗无时无刻不在上演。而杀手与杀手之间的对决就在一瞬间。任何的麻痹大意都会招来杀身之祸,蜻蜓自然也不例外。从水里的卵孵化为水虿,水虿千辛万苦羽化,变成蜻蜓,到完成交配后蜻蜓最终再飞回到水边产卵,在这一史诗般的轮回中,蜻蜓历尽了磨难。

蜻蜓家族是庞大的,早在石炭纪就有了蜻蜓,那时的蜻蜓个头很大,从留在蜻蜓化石上看其翅展足有 70 多厘米长,而现在的蜻蜓最大的也不足那时的 1/4。由于石炭纪地球上的空气含氧量极高,所以蜻蜓个体都很大,随着地壳的不断变迁,蜻蜓也逐渐发生了变化。目前,世界上已知的蜻蜓大约有 5 000 余种,在我国有 300 余种。蜻蜓为不完全变态动物,一生经历卵、稚虫和成虫 3 个变态期。蜻蜓可分为差翅亚目(蜻和蜓等)、均翅亚目(豆娘和艳娘等)和间翅亚目(昔蜓)。蜻蜓的翅膀很发达,前翅与后翅等长。其头部转动非常灵活,触角很短,但是复眼发达,并有 3 个单眼,咀嚼式口器强大有力。蜻蜓把卵产在水里,卵孵化为稚虫,稚虫又名水虿,生活在水中,水生一年,来年芒种前后陆续羽化为成虫。个别水虿也有在水里待上 2 到 3 年的。水虿在水里用极发达的脸盖捕食。无论是蜻蜓的稚虫还是成虫均食肉。"杀手"一生不食素。

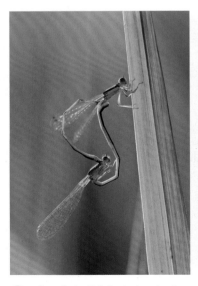  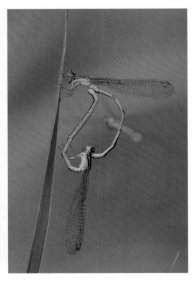

◎ 东亚异痣蟌幸福地在一起了,逆光下我捕捉到了这精彩的瞬间

◎ 马奇异春蜓躲在草秆上,非常低调地交尾

◎ 看到矛斑蟌"如胶似漆",第三者只好悻悻地离去

◎ 水虿利用腹部把水吸入，再经由肛门压出。水有时会被以此方式大力排出，产生一种喷射推力。这也是水虿的一种逃生方法

杀机重重的水底

到了产卵的季节，蜻蜓陆续回到水边产卵，数天后卵孵化为水虿。水虿栖息在河流、湖泊、池塘、沼泽、湿地等多种地带。水虿在水中利用直肠内的鳃汲取氧气。到了冬天水虿在水里越冬，期间要经过 13 次左右的蜕皮（换龄）才有机会爬出水面羽化为蜻蜓。每一次蜕皮都是走向强大的开始。在水中，水虿捕食孑孓或更小的水生动物，赶上食物短缺时它们就会相互残杀，把同类吃掉，为自己积攒体能，通过蜕皮换到下一龄。以大欺小是生态界不变的法则，等熬到末龄时水虿就能捕食小鱼了。但是在初龄期它们要应对许多天敌，最主要的有水蝎、水生甲虫、大田鳖、水螳螂和比自己体形大的鱼类，还有常年泡在河里的鸭群。水蝎和水螳螂对水虿的威胁最大，它们两个都有一个共同的特点，

◎ 碧伟蜓的稚虫在水里蜕了一次皮

◎ 大团扇春蜓的稚虫终于
蜕了最后一次皮，出水指日
可待了

就是有一招制敌的齿状前足。如果水蝽和水螳螂盯上某个"未成年"水虿，一般都不会"失手"。为了能更有效地躲避天敌的伤害，经过数亿年的进化，它们成功地将自己的身体模拟成河底泥的颜色。遇到危险时它们就躲进淤泥里一动不动，天敌们是很难发现的。凭着这种装死的本领，水虿们一直保持着种族的数量。有些小型水虿会选择在水中的植物上筑巢，可谓别出心裁，既能很好地躲避同类，又能在植被的掩护下保持丰富的食物来源，这样小型水虿会很快地发育成熟，生存的机会也会相对增多。但是对活在当下的水虿来说，这样的"世外桃源"并不是那么容易找到的。

◎ 桥底下布满了蜻蜓羽化后的空壳，远远看去像是水兵登陆

◎ 胸部长出两对短翅膀，这说明碧伟蜓的稚虫已经是末龄了，它在水里停止进食，用不了几日就会爬出水面，图为在水中拍摄

23

◎ 水狼蛛捕杀刚从水里
钻出的施春蜓的稚虫

危机四伏的岸边

　　水虿在水里经过一年多的成长，已是身强力壮，它们迫不及待地想要摆脱水的束缚来到空气中。于是成批的水虿在各自的胸部背着一个膨胀的背包，蹒跚地爬上岸准备羽化。远远看去就像是水兵登陆。磨难也悄悄地如影相随。鸭子们在岸边早就做好了大餐前的热身，鸟儿也都第一时间飞到羽化现场，水狼蛛们更是虎视眈眈，就连蚂蚁都成群结队

◎ 历尽磨难的黑色螅终于羽化成功了，几个小时后它就会飞翔在蓝天里

◎ 在夜间完成羽化的碧伟蜓

◎ 蜻蜓成功羽化后遇到了露水天气，露水打湿了它的全身，暂时还无法飞行，只能耐心等待太阳的出现

地选好了阻击的地段。当然水虿们并不那么傻，它们大多数都会选择在日落后离水，日出前起飞，比如碧伟蜓、团扇春蜓、大黄赤蜻、黑色螅等。夜间羽化的成功率相对比较高，因为这时候鸭子都在睡觉，小鸟也在巢中休息。等早上大家纷纷来到岸边准备聚餐时，蜻蜓早已飞向天空。留在岸边的是昨夜脱下的旧装。但有些水虿就偏偏选择在危险的白天离水。这倒不是因为它们勇敢，而是这些水虿需要借助太阳的能量把自己身上的水分晒干。清晨的阳光总是显得格外的柔和，水虿们完成晒背任务后便迅速爬到岸边的草丛中。它们选择一切能支撑住自己身体的草秆、石头、树枝，把牢后就静止不动了，几分钟后

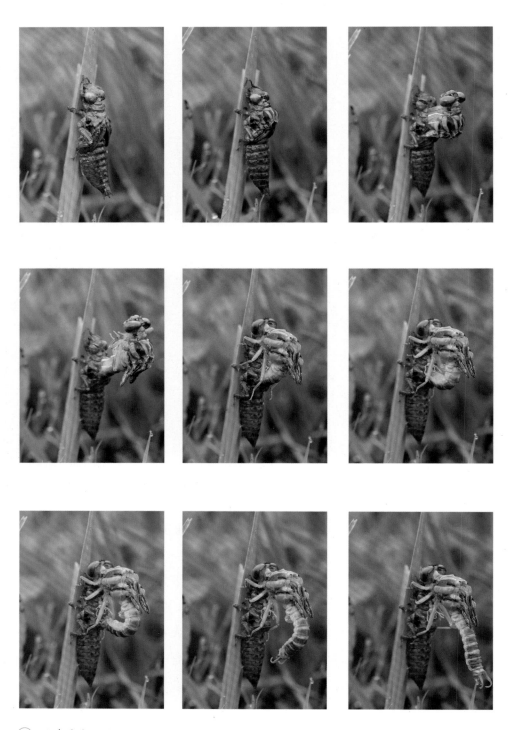

◎ 马奇异春蜓稚虫羽化过程

◎ 施春蜓稚虫羽化过程

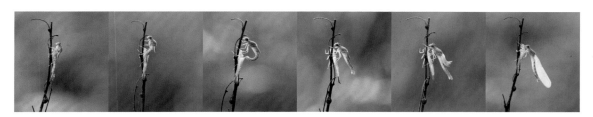

◎ 白扇蟌稚虫（雌）羽化为成虫的过程

◎ 刚出水面的施春蜓稚虫

那个膨胀的背包慢慢打开了，蜻蜓的头部最先露了出来，接着是6足。然后蜻蜓把自己悬在半空中晾晒，大约十几分钟后，蜻蜓使出最后的力气把身体压下去，身体站稳后将尾部小心地从壳里拽出，羽化结束。余下的过程就是从尾部向下排水并逐渐展开翅膀继续晾晒。"杀手"一旦把翅膀展开，就永远不会收拢了。

◎ 闪蓝丽大蜻一般都是日落后从水里爬出羽化，赶在第二天日出前起飞。这个家伙显然是起来晚了，倒是给我留下了拍摄的时间

在羽化的过程中，身体软软的蜻蜓几乎没有任何防御能力。小鸟选择在这个季节育雏，鸭子甩开腮帮子边吃边高兴地呱呱叫，水狼蛛背着小水狼蛛也来趁火打劫，有些侥幸逃脱的水虿由于逃跑时身上有抓伤，羽化时不能正常地蜕变，最终导致羽化失败的悲剧。能"修成正果"的其实并不多。对职业杀手来说，磨难才刚刚开始。

杀手之间的对决

晾干翅膀的蜻蜓振翅数秒后便飞向蓝天，直到远离了人们的视线。蜻蜓开始了自己的杀手之旅。蜻蜓是世界上眼睛最多的昆虫。它的复眼又大又鼓，几乎占据了整个头部，而且每只复眼又有数不清的"小眼"。这些"小眼"都与感光细胞和神经相连，能辨别

○ 线痣灰蜻抓到一个蓓鹿蛾，蜻蜓咀嚼的速度很快，不到一分钟就会吃掉它

猎物的大小。蜻蜓的复眼还能测速。当猎物在复眼前移动的时候，每一个"小眼"依次跟踪，经过信息综合就能确定出猎物的准确位置和移动的速度。只要猎物被蜻蜓盯上，一般是凶多吉少。

没到性成熟期的蜻蜓大多会选择远离水域，它们食量很大，每天都会捕食大量的蚊蝇，除此之外还能捕食蝶、蛾、蜂等昆虫。吃饱了需要休息的时候，它们就降落下来。休息时翅膀大多是平伸的，只有均翅亚目的豆娘和艳娘休息的时候会把翅膀靠在背上。

除了鸟类，蜻蜓在空中几乎没有对手。但如果是超低空或者地面杀手就玩不转了。蜘蛛布下了天罗地网，蚂蚁大兵团作战，专门寻找受伤的蜻蜓。食虫虻、螳螂等草丛杀手埋伏在暗处等待时机。我曾目睹两只半黄赤蜻为了争夺猎物相互追杀，时而高空盘旋，时而低空穿行，强强相对，只顾取胜，却忽略了争斗的环境，在厮打中突然有一只触了蛛网，让一旁观战的蜘蛛捡了一个大便宜，蜘蛛迅速出击，将刚触网的半黄赤蜻捆了个结结实实，半黄赤蜻拼命地挣扎，但越挣扎蛛网缠得就越紧。侥幸逃脱的那只半黄赤蜻迅速高飞，有可能惊出了"一身冷汗"。还有一次，一个竖眉赤蜻在空

◎ 一对螳螂幸福地坠入了爱河，却全然不知上面的蜻蜓正在偷窥它们

◎ 半黄赤蜻在追逐中不小心触到了金蛛的网，等待它的将是死亡的命运

◎ 杀手之间有的时候比的不是谁的刀快，而是看谁更有耐心。在这次的较量中蟹蛛占了上风

◎ 粗心的黑角细色螅不知什么时候胸部下方被寄生蝇产了卵，一周后寄生蝇的幼虫将从卵里拱出，继而钻进这只色螅的体内。死亡将是它粗心付出的代价

中捕杀了很多蚊子，感觉飞得有点累了，想下来歇会儿，于是降落到一根麦秆上，在麦秆上仅仅停留了半分钟，就被埋伏在那里的蟹蛛捕获。两个杀手的对决有的时候比的不是谁的剑快，而是比机智和耐心。竖眉赤蜻忽略了瞭望，被耐心的蟹蛛占了上风。有的时候，就连小小的寄生蝇也会扮演蜻蜓克星的角色。寄生蝇经常趁着蜻蜓不备的时候悄

◎ 一对相爱的豆娘不慎碰触到了蛛网，看来是凶多吉少

悄下手。往往蜻蜓在毫不知情的情况下就被寄生了。初被寄生的蜻蜓还能正常飞行捕猎，一周之后，寄生蝇的幼虫成熟后会钻进这只蜻蜓的体内。蜻蜓就此结束了自己的杀手之旅。有趣的是寄生蝇常常是蜻蜓的捕猎对象，而它的幼虫却能钻进蜻蜓的体内将其蚕食致死。

不能回避的战斗

蜻蜓的所有捕杀行为最终都是为了繁衍后代，到了性成熟阶段的蜻蜓们会陆续飞到交配的场所。通常它们会选择池塘、河流、小溪。雄性蜻蜓会稍早些到达，它会沿着河

◎ 黑色蟌求偶全过程

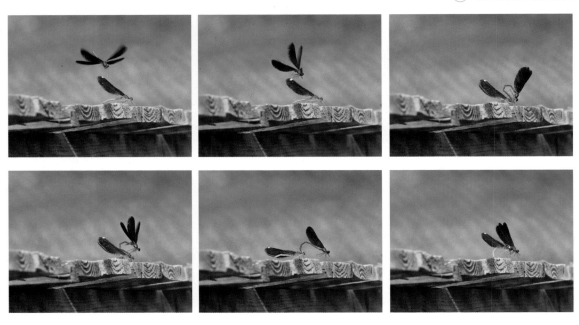

岸或水面占据自己的领地。如果有其他
雄性蜻蜓闯入，先来方就拼命驱逐。如
果雌性蜻蜓飞近自己的领地，雄性就试
图与之交配。以艳娘求偶为例，当雄性
艳娘在一片属于自己的开阔地里发现雌
性到来时，会扇动自己的翅膀来传达信
息。如果雌性觉得这片开阔地适合产卵，
就会扇动一下翅膀来回应，表示同意对
方的求爱（如果尾巴抬起就说明不满意
对方）。这个雄性艳娘看到雌性回应了
自己，就飞过去用腹部末端的倒钩钩住

◎ 雌性黑色蟌觉得这个地方非常适合产卵，就同
意了雄虫的求爱

◎ 一只雌性白尾灰蜻来到了雄性的领地，雄性早
就在这里为新娘准备了舒适的婚床

◎ 这对线痣灰蜻实在是找不到合适的地方了，岸
边的土堆也将就吧，只要雌虫不反对，一切皆有可能

雌性颈部，雌性则腹部前倾，把生殖孔直
接推到雄性腹部第二节下面储藏精子的器
官处，雄性再打开雌性输送精子的管道，
以便为交配做准备。完成了这些程序，雄
性才把精子注射进去。交配后，雄性为伴
侣在自己的领地里选择最好的地方供其产
卵。雄性上下飞舞，雌性用自己的产卵器
在植物的茎上切开一个裂口，往里面产卵。

◎ 雌性白尾灰蜻在点水产卵，雄性在空中巡航，一直警惕着四周的变化

整个过程中雄性一直在旁边守候，以免其他雄性前来与自己的伴侣交配。雄性豆娘则是不离开雌性的身体，一直陪伴到产卵结束。

为什么雌性产卵时雄性必须伴其左右呢？原来每当蜻蜓的卵成熟时，雌性蜻蜓需要不停地点水以便把卵产在水里，但是这个时候它有可能被该领地的雄性蜻蜓截住，雌性为了能够继续在这个地方产卵，不得不和该领地的领主交配，而得到的精液优先授给之后的 24 小时里它所产的

◎ 一对竖眉赤蜻在溪水上空寻找产卵的地方

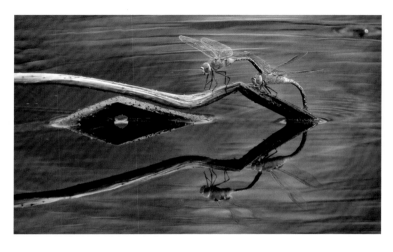

◎ 空中"霸主"碧伟蜓正在产卵

夕阳下这对"恋人"还不舍得分开

竖眉赤蜻把尾部高高地翘起，用来引起雌性的注意

卵。此后，这些精液就与其他雄性的精液混在一起，就没有优先权了。这就解释了为什么交配后雄性蜻蜓会一直守护在雌性的身边。如果雌性还没产卵就与另一名雄性交配，之前的那一个就做不成父亲了。为了自己的基因能够一代代传下去，雄性蜻蜓在谢幕之前还要做最后一搏。

逐渐消失的战场

小的时候，在城里，只要到了夏天就能看到满天飞舞的蜻蜓，时过境迁，如今城市上空弥漫的沙尘暴早已取代了漫天飞舞的蜻蜓。昔日的蜻蜓消失得无影无踪，人们想再看见蜻蜓只有到深山老林里的湖泊、溪水边去寻找，运气好的话才能偶尔一遇。究其原因就是社会上一些所谓的"专家"们说吃昆虫可以延年益寿。于是，各种昆虫先后上了人们的餐桌。蜻蜓自然也在其中，过量的捕捞让本来就数量不多的各种水虿的生存更是雪上加霜。它们的数量正在逐年递减。昔日杀手对决的战场如今已是高楼矗立。如果是地壳的自然变迁，到头来还能为蜻蜓留下一块化石，可是人类透支性的破坏只能把蜻蜓一步步推向灭绝的边缘。

也许用不了多久，"小荷才露尖尖角，早有蜻蜓立上头"的诗句将会成为童话，蜻蜓也将成为一个传说。

揭开剑客食虫虻的神秘面纱

"虫在江湖飘，哪能不挨刀，要想不挨刀，就得有绝招。" 食虫虻是专吃昆虫的昆虫，它的绝招就是随身藏有一把锋利的剑。如果猎物不幸让它盯上，生还的机会微乎其微。

咬文嚼字，古体字中"虻"的写法是上面一个亡字，下面两个虫字，即灭亡多虫的意思。而它的英文名字 Assassin Fly 可以直译为剑客虻。

剑客携剑行走天下，对食虫虻来说，剑既可攻，亦可守，凭着"先刺后吸"的组合剑法，食虫虻在昆虫界成为独霸一方的神秘剑客。

早上温度比较低，剑客暂时还不能飞行

太阳下山了，露出剑客孤单的身影

剑客

食虫虻属于双翅目短角亚目（属完全变态类昆虫），在我国已知的就有200种以上。从表面上看，它并非威风八面，杀气腾腾，时常隐于草丛中，静伏于草秆的上端，有东张西望的习惯，给人十分胆小的感觉，头部下方长有浓密的"胡须"，乍一看老态龙钟，细一瞧找不到随身的佩剑，与剑客形象相去甚远，倒像是久居荒野的无名道士。它神在哪里，又秘在何处呢？看来，剑客的神秘之处还得借助现代神器——相机来揭破。

◎ 山坡上，剑客正在蓄势待发

通过微距镜头放大，剑客的真实面貌便被清晰地展现出来。首先映入眼帘的是左右两个巨大复眼（个别种类的复眼还有金属光泽），几乎占据整个头部，中间还夹有3个单眼，复眼的周围密布白色的刚毛，有的短粗，有的细长，别小看这些"络腮胡须"，它们可以防止猎物挣扎时损伤自己的眼睛。值得注意的是，剑就藏在这浓密的"胡须"里。它不时地转头张望，但绝对不是胆小，而在用超强的复眼审视着周围的环境，就像一部精确的雷达。任何飞行的昆虫在它的视野内振翅，都是自取灭亡。透过镜片还发现，食虫虻的腿不但粗壮，还长有很多尖刺，这些尖刺在捕猎的时候起到抓牢对手的作用，类似武侠小说里的金钩，属于剑客的"暗器"。

剑法

黎明过后，太阳开始施展炙烤的魔力，让冰冷的露水渐渐失去了法力，山谷里的昆虫又恢复了活力。它们迎来了新的一天：蝈蝈凭借庞大的身躯称王称霸；狼蛛把剧毒当作制胜法宝；蚂蚁利用团队协作克敌制胜；蚁狮设下陷阱欺骗对手……它们为了生存个个磨刀霍霍，而食虫虻更是凭借出色的组合剑法，闪电般出击，威震山谷。

素有空中霸主之称的蜻蜓和往日一样在飞行中捕猎，随意一个鹞子翻身，便可锁定猎物；轻松一个自由俯冲，便擒住一只小虫，带着鲜活的早餐正准备降落享用。突然，从身后蹿出一条黑影，个头不及蜻蜓的1/3，一瞬间，黑影的剑已经出鞘，没等蜻蜓做出反应，剑刺穿其背腹，同时，6条带刺的粗腿紧紧扣住蜻蜓，而且越扣越紧，不用说，这个黑影就是江湖中盛传的神秘剑客——食虫虻。它捕捉到蜻蜓后，和蜻蜓一起坠落下来，随即注入含有毒素和蛋白水解酶的唾液，蜻蜓被麻醉后，失去了反抗能力，这种唾液很快将蜻蜓的内部组织溶解为"稀粥"，食虫虻就像人们用吸管喝酸奶那样一吸而尽，"先刺后吸"的组合剑法初战告捷。可怜的蜻蜓啊，自己还没吃上早餐就先成了别人的早餐，变成了一具空壳，被丢弃在路边，随着清晨的缕缕微风连翻几个跟头后，消失在视线的尽头。而食虫虻再次隐于草丛中，一切又仿佛回到了原点。

晌午，一只求偶的草蝉在鸣叫时发现了自己中意的伴侣，便兴奋地飞了过去，但草蝉美好的愿望很快就演变成了一场噩梦。因为，匆忙中它闯入了食虫虻的领空，对剑客来说，飞行的草蝉摇响了午餐铃，一顿大餐即将上桌。食虫虻旋即升空，一剑封喉，并

剑客在空中抓住蜻蜓，之后会一起坠落下来，本图中它们正好落在了果树枝上

◎ 剑客抓到一只姬蜂，就地降落下来，慢慢享受着一顿美餐

◎ 可怜的草蝉没看到中意的伴侣，却惨遭剑客食虫虻的毒吻

强行改变了草蝉的飞行路线。

"十步杀一虫，千里不留行；事了拂衣去，深藏身与名。"食虫虻初秀剑法，一时间风声鹤唳，草木皆兵。

剑招

山谷是孕育形形色色昆虫的摇篮，它就像一个庞大的昆虫仓库，这自然会吸引众多捕食者追踪而来。其中，就包括神秘剑客。

食虫虻潜伏在草丛里，对飞行的昆虫进行致命的空中打击。但它从来不正眼瞧一下那些在地上爬动的昆虫，甚至对飞行速度缓慢的家伙也不屑一顾，越是快速飞过的，越

◎ 一剑刺穿猎物胸部，然后慢慢地品尝战利品

◎ 剑客几天没吃东西了，它耐心地潜伏在草丛中

◎ 剑客之间的对决没有失败者

◎ 挂满露水的食虫虻动弹不得，只能无奈地等待太阳的出现

要挑战。食虫虻不仅是一个神秘的剑客，有时更像是一个贪婪的食客，吃着碗里的，瞧着锅里的。这不正在享用一只菜蛾的食虫虻看到一只肥美的苍蝇飞过，只是几秒后，它已经把嘴里的小菜蛾换成了苍蝇，心满意足地吸食起来。

"风萧萧兮易水寒，壮士一去兮不复还。"在山谷的竞技场中，不可预知的战斗随时都会打响。两位神秘剑客终于不期而遇了，谁能赢得最后的胜利呢？这要看谁的剑出得快了。一个要用剑刺中对方，一个想要躲开这致命毒剑，速度快到都来不及眨眼，就已经分出了胜负。原本图谋暗杀的剑客却被另一个剑客先注入毒液，遭受重创，还没等咽气，另一个已经迫不及待地要享用大餐了。面对眼前的盛宴，获胜者的唾液肆意流淌，

◎ 剑客抓到一只肥美的大蝇子

◎ 红袖蜡蝉不幸身中食虫虻的毒剑

开始吸食这位手下败将的体液，用完了晚餐，便匆匆地消失在野草丛中，现场唯一留下的只有战败者的"风衣"。

这位获胜的剑客就像一个伏击的幽灵，等待下一个对手的出现。

其实，这场对决没有失败者，面对强大的对手，明知是无把握之战，也要毅然亮剑。即使倒下，变成一具空壳，也要选择战斗。这是何等决绝，何等快意，又是何等有气魄！这就是神秘剑客的性格！

剑缘

"空山不见人，但闻人语响。返景入深林，复照青苔上。"夏日的山谷幽静清凉，令人心旷神怡。在谷中这也是全虫热恋的季节，昆虫们开始展示恋爱的招数：蜻蜓靠占领属地来征服对方；蝉用天籁之声吸引异性；萤火虫靠发光释放爱的信号；蓑蛾的信息素能散发出几千米远，以此来完成捉对……而个别种类的食虫虻却另有怪癖，要想洞房花烛，对方必须准备"彩礼"。

◎ 食虫虻交尾（雄虫给雌虫带来礼物，换来交尾权）

◎ 头部闪着金属光泽的剑客，在食虫虻里算是体形较大的

　　这天，雄虫正在为"彩礼"的事绞尽脑汁，一只倒霉的蜜蜂从附近飞过，让雄虫复眼一亮，立刻有了主意，急速升空追赶，它在飞行时发出像蜜蜂那样的嗡嗡声，这样在靠近蜜蜂时不易被察觉，可以迅速出剑，轻松得手。雄虫擒到这只肥大的蜜蜂后，降落到雌虫的旁边，自己没舍得吃，而是把它高高举起，像举着一束鲜花，希望以此获得雌虫的青睐，紧接着雄虫再向雌虫释放一种特殊的气味，这种美味加气味的组合，对雌虫来说是无法抗拒的诱惑。当雌虫接收礼物，埋头用餐时，雄虫已经"抱得美人归"。它熟练地找到对方的腹部并开始释放自己的精子，雌虫忙于进食，雄虫忙于授精。如果雄虫提供的"彩礼"个头比较大，雌虫允许其交尾的时间就会延长，受精卵的数量也能得到保证。然而，好事不能长久，雄虫要给自己留下撤离的时间。因为，剑客的温情是短暂的，随时可能出现变数。

◎ 体形较大的食虫虻欺负弱小的食虫虻，典型的以大欺小啊

◎ 这个剑客抓到一只雌性蚂蚁，雌蚁带翅膀，说明还没有交尾过

◎ 最小的剑客，只有米粒大

◎ 雄性食虫虻没有带礼物就来求婚，雌性理都不理

　　雄虫必须拿捏好分寸，该放下的要放下，该走的时候一定不能拖泥带水。如果过于贪恋"异性"，后果是可怕的。雌虫往往瞬间翻脸，露出狰狞面目，会毫不客气地回身，令对方猝不及防，剑刺之后再送上毒吻。顷刻间，雄虫就成了短命的"新郎"。

◎ 太阳要落山了，剑客结束了
求偶的一天

◎ 雌性剑客选中了一个枯树干，
观察到周围非常安全，才迅速地
把卵产在里面

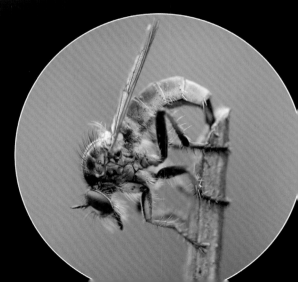

剑嗣

　　虫无百日强，花无百日艳。短暂的温情过后，那些幸运逃脱的雄虫好日子也不多了，昔日的剑客威风已去，它们终将耗尽最后的体力，葬身于谷底。而雌虫则带着延续种群的使命，去完成最后的产卵任务。但是，在哪里产卵才最安全呢？这让食虫虻准妈妈煞费苦心。产在叶子上吧，怕风吹日晒；产在树皮上吧，怕蚂蚁侵食；产在土里吧，怕被人踩踏；产在花瓣上吧，又怕花期太短。无奈，食虫虻准妈妈带着"身孕"腾空而起，鸟瞰山谷，飞行中与一只大黄蜂擦肩而过，这次剑客的剑并未出鞘，因为还有比捕猎更

◎ 躲在叶子上的一对相爱的剑客

◎ 冰冷的露水没能让一对热恋的伴侣分开

重要的事情要做，那就是为下一代挑选"风水宝地"。随着飞行速度的放缓，食虫虻准妈妈降落在山谷的南坡上，看来对产卵的地点已经"胸有成竹"。它稍作停顿，再次起飞，很快落到一根被风吹断的枯草秆上，别小看这根比铅笔还细的草秆，由于其外表枯萎发蔫，所以不会引起其他昆虫注意，而且里面绵软舒适，非常适合作"育婴室"。由此，不得不佩服剑客独到的眼力和做"母亲"时的缜密心思。观察一下四周的动静，确定没有被"跟梢"后，它才放心地伸出针状产卵器，慢慢地把卵送到里面。大约 20 多分钟后，食虫虻妈妈产完最后一粒卵，已是筋疲力尽。剑客生涯即将落幕，它恋恋不舍地告别这个富饶的山谷，告别给它带来荣耀的舞台……

对于剑客来说，个体的生命已逝，然而从种群的角度来讲，生命正通过下一代延续。或许在某一时刻，山谷里又会出现令昆虫们风声鹤唳的传闻——神秘剑客，重现江湖。

魅舞丽影皇后蝶

◎ 在岸边吸水的绿带翠凤蝶

　　蝴蝶以曼妙的舞姿征服了森林里的百花，以艳丽的魅影让自然界里的昆虫们自愧不如。

　　蝴蝶属无脊椎动物（昆虫纲鳞翅目），蝴蝶的一生要经过卵、幼虫、蛹、成虫4个阶段的成长，属于完全变态动物。目前世界上已知的蝴蝶大约有17 000余种，我国约有1 300余种。

◎ 雌性绿带翠凤蝶（夏型）在舔食野百合的花粉

◎ 绿带翠凤蝶集体在河边舔食泥土里面的碱

　　在蝴蝶的大家族中，大部分以漂亮的外表见长，粉蝶、眼蝶、灰蝶、蛱蝶、弄蝶、绢蝶等都各领风骚，它们常常在花卉间争奇斗艳，然而，在众多佳丽中堪称"花魁"的当属凤蝶里的绿带翠凤蝶，它以其独特的花斑、优雅的飞行姿态以及远远看去如同飘带一样修长的尾突令人陶醉，因此，绿带翠凤蝶被誉为森林里的"皇后"蝶。

丑小鸭到天鹅的嬗变

  每年到了秋天，田野渐渐被秋风染成黄色，秋风在送来沉甸甸果实的同时也送来了阵阵凉爽，山坡上的几棵黄檗树随着秋风摇摆起来，树叶翩翩起舞，远远望去就像千万只蝴蝶在举行"舞林"大会。这时，在其中的一片叶子上，绿带翠凤蝶妈妈悄悄地产下一枚卵。卵如小米粒大，呈淡黄色。这枚卵牢牢地粘在这片叶子上随风摇摆，如果叶子被秋风吹落，离开黄檗树，绿带翠凤蝶妈妈的这个孩子将永远看不到来年的春天，这真是命悬一叶啊！凤蝶妈妈似乎在与秋风做赌。卵里的宝宝则心领神会地抓紧时间成长。一周后，蝶宝宝终于破壳而出，它用力抓住叶子以让自己的身体保持平衡，先呼吸几口外面的空气，熟悉一下四周的环境，然后抓紧时间吃刚挣脱掉的卵壳——蝶宝宝的第一餐就是妈妈以这种方式提供的。大约二十几分钟后，蝶宝宝吃完了全部卵壳，迅速爬到隐蔽处躲藏，它还要吃几天黄檗树的树叶才能换入二龄，正式进入幼虫期。谁也想不到绿带翠凤蝶的幼虫在 3 龄之前长相竟十分丑陋，酷似鸟粪的杂色。它们受惊扰时，会扬起脑袋，翻出一对长长的臭角（体内分泌的嗅腺），臭角散发出浓烈的黄檗树叶的臭味，让入侵的捕食者闻而生畏，退避三舍。从 4 龄开始，幼虫变成翠绿色，因为这个时候幼虫长大了，再伪装成鸟粪容易暴露目标，变成绿色就会跟身边的叶子融为一体。此时的

◎ 绿带翠凤蝶宝宝从卵里孵化出来，在啃食刚刚挣脱的卵壳。这是妈妈给自己留下的珍贵礼物

◎ 绿带翠凤蝶的低龄幼虫，静静地卧在黄檗树的树叶上等待换龄

◎ 绿带翠凤蝶的卵（由淡黄色渐变为浅黑色，说明蝶宝宝就要出来了）

幼虫胸部开始长出不规则的花纹，两边有眼状斑，再配合自己的一对臭角，远远看去就像是一条小蛇，这种拟态真是惟妙惟肖。

幼虫换到末龄，食量开始加大，因为只有吃饱了才能吐出化蛹所需的丝线，它要赶在下霜之前化蛹，由幼虫变成蛹是一个不可思议的过程——末龄幼虫终于吃饱了，它停止进食后会从树上爬下来，远离自己的寄主，步履蹒跚地来到一个陌生的植物上进行净身，所有的准备工作做完后，便吐丝将自己尾部固定，然后再把自己拦腰缠住，静静地等待化蛹。虽然它脱下这薄如蝉翼的外衣化作蛹态用时不到一分钟，但是为了这一刻它得足足准备整整两天。

霜如期而至，涂白了山坡上的枯草和落叶。霜过后是漫长的冬天，这时，绿带翠凤

◎ 绿带翠凤蝶妈妈在黄檗树的叶尖上产下一枚珍贵的卵

蝶的蛹也由原来的浅绿色变为枯叶的颜色，这样就与大地的环境融为一体了。

终于熬到惊蛰节气了，越冬的蛹开始躁动起来，里面的绿带翠凤蝶耐心地待了一个冬季，几乎一动不动，等待太阳告诉它羽化的时机。4月的一天，它终于破蛹成蝶。刚羽化的翅膀闪耀着绿蓝相间的金属光泽，黑色的天鹅绒底色上镶嵌着碧绿的鳞片。前翅为黄绿色横带纹，后翅外缘有6个月形的红斑，臀角红斑为圆形；尾突中有一条蓝绿色线，典雅美丽，当真是世间极品。当初那个貌似鸟粪的幼虫终于嬗变成了美丽的"皇后"蝶，它用近半年的时间完成了由丑小鸭到天鹅的华丽转身，不由得让人赞叹大自然的神奇。

◎ 绿带翠凤蝶的幼虫受惊吓时吐出的 ∨ 形臭角，发出难闻的黄檗树叶的臭味，用于吓退天敌

◎ 绿带翠凤蝶幼虫吐丝把自己粘在树叶上准备换龄

◎ 刚刚羽化成功的绿带翠凤蝶成蝶（春型）

◎ 绿带翠凤蝶（春型）交尾

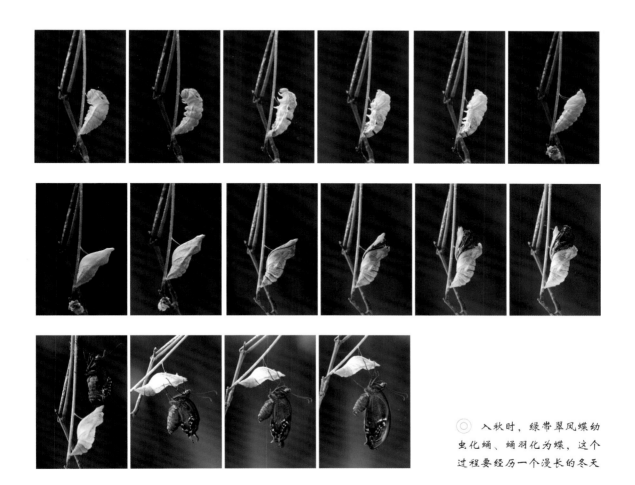

◎ 入秋时，绿带翠凤蝶幼虫化蛹、蛹羽化为蝶，这个过程要经历一个漫长的冬天

早春的叶子贵如金

绿带翠凤蝶分为春型和夏型，前面讲述的羽化成蝶的就是春型，体形略小于夏型。下面再来说说夏型，在乍暖还寒的早春，可愁坏了刚交尾过的雌性绿带翠凤蝶。因为黄檗树还没有吐出新绿，找不到产卵的寄主，只能另选其他叶子替代，无奈之下它只得带着成熟的卵在山林间寻找。如果发现叶子的气味不对，立刻翩翩离去，绝不将就，因为这将直接关系到后代的生存。终于有一天，这只雌性绿带翠凤蝶发现了自己要找的芸香科植物——八股牛（白鲜，

◎ 绿带翠凤蝶（夏型）化蛹全过程

多年生草本植物，根皮入药，东北民间俗称"八股牛"），闻一闻，觉得味道对头。于是它兴奋地在这片八股牛中来回地飞舞。抓紧时间产卵吧，雌性绿带翠凤蝶挑选了一棵很健壮、叶子又多而且还远离风口的八股牛，在它的叶子上小心翼翼地产下一枚珍贵的卵。

凤蝶家族的成员在吃的问题上各有所好，如丝带凤蝶和麝凤蝶的幼虫喜欢吃马兜铃；虎凤蝶的幼虫喜欢吃细辛；美姝凤蝶喜欢吃野花椒。但是早春时节这些植物还处

◎ 绿带翠凤蝶3龄幼虫头部特写　　◎ 绿带翠凤蝶4龄幼虫头部特写　　◎ 绿带翠凤蝶5龄幼虫头部特写

在苏醒期，无法提供鲜美的叶子。所以，部分凤蝶就飞到了早熟的八股牛周围，来争夺这宝贵的资源。大约一周，绿带翠凤蝶的宝宝出世了，它们的胃口很好，除了八股牛的主秆啃不动，其他都吃，叶子、花朵、果实、嫩嫩的细秆无一幸免。大约3周后，这些幼虫停止进食，它们开始陆续化蛹。两周左右蛹羽化成蝶，夏型的绿带翠凤蝶就这样在森林里粉墨登场了。

◎ 绿带翠凤蝶末龄幼虫正在吐丝，准备化蛹了

◎ 绿带翠凤蝶幼虫蜕皮

难以躲避的天敌

绿带翠凤蝶的幼虫天敌很多：蚂蚁经常成群结队地骚扰；甲虫肆无忌惮地入侵；螳螂从早到晚地追踪；蟹蛛蹲坑式守候；小鸟睁着火眼金睛捕食……有些时候幼虫们尚能抵挡一阵子，它们会伸出 V 字形的臭角吓退入侵者。但是遇到寄生蜂和寄生蝇的骚扰时，幼虫就防不胜防了。

长期以来寄生蜂和寄生蝇一直控制着凤蝶种群的数量。寄生蜂和寄生蝇最喜欢寄生在鳞翅目昆虫的幼虫、蛹和卵里。凤蝶的幼虫和蛹就是小茧蜂和果蝇喜欢寄生的对象。那么，它们是如何寄生的呢？寄生分外寄生和内寄生两大类。外寄生，顾名思义，就是把卵产在凤蝶幼虫的身上，等自己的后代孵化出来后正好食用凤蝶幼虫的身体；而内寄生则是把卵产在凤蝶幼虫的体内，让孵化的后代食用凤蝶幼虫的体内组织。显而易见，

◎ 绿带翠凤蝶（夏型）刚刚化蛹，果蝇就找上门来

内寄生比外寄生更可怕。因为如果是外寄生，幼虫换龄的时候会脱下一层皮，这样寄生的卵会随着旧皮被一起脱掉。所以外寄生的卵要存活得满足两个条件：第一，寄生的卵在凤蝶幼虫换龄之前就孵化出来；第二，在产卵前必须做到一件事，就是让凤蝶幼虫无法动弹，否则自己产的卵会被压坏，甚至被咬死。因此，寄生蜂在外寄生的时候先用产卵管蜇刺凤蝶的幼虫，注射有毒物质来麻痹它。但这是一把双刃剑，因为凤蝶幼虫遭到麻醉后，行动变得很迟钝，更容易受到天敌的攻击或者干脆不吃东西，这样不久就会死去，它身上的寄生卵也将同归于尽。

◎ 刚刚完成羽化的绿带翠凤蝶，这个时候翅膀还是湿的，暂时不能飞行，尾部白色的水珠是它排出的废水

◎ 绿带翠凤蝶张开翅膀晾晒，它希望早日飞向天空

所以，有些聪明的寄生蜂和寄生蝇都是耐心等待凤蝶的幼虫化蛹，在蛹上直接寄生，这样从外观看还是完整的蛹态，可实际上羽化出来的却不是美丽的凤蝶，而是令人失望的寄生蜂和寄生蝇的后代，它们靠食用蛹内的营养来完成自己的传宗接代。

美丽翅膀惹的祸

绿带翠凤蝶凭借美丽的翅膀傲视群蝶，但这美丽的翅膀也给自己带来了意想不到的灾难。有些人竟然用蝴蝶的翅膀作画，被有良知的人痛斥为"残忍的艺术"，更为甚者，一些城市还举办蝶翅艺术画展，为这种"残忍的艺术"推波助澜。

为了拍摄绿带翠凤蝶不同时期的虫态，我经常在山里追寻它们的行踪，每次在山里总能碰到一些捕蝴蝶的人，他们手拿纱网作为捕蝴蝶工具，四处转悠，寻找蝴蝶，发现目标后就穷追不舍，抓到蝴蝶后用剪子把蝴蝶的翅膀剪下来，然后把还在挣扎的身体扔掉。有时候为了防止蝴蝶扑扇翅膀，直接先用手捏死蝴蝶，再把翅膀剪下，其状惨不忍睹。他们把剪下来的蝴蝶翅膀转手卖给贩子，以杀戮谋取私利。正所谓"有买卖就有杀害"，被杀害的蝴蝶种类有橙灰蝶、斐豹蛱蝶、丝带凤蝶、美姝凤蝶、麝凤蝶，森林里的"皇

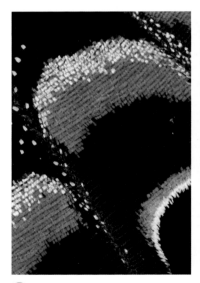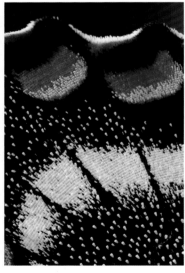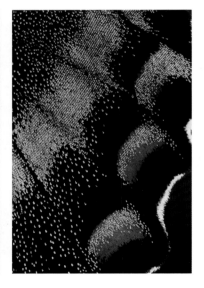

◎ 绿带翠凤蝶翅膀局部特写（超微距镜头拍摄）

◎ 这个可不是被寄生了，是绿带翠凤蝶妈妈粗心地把卵产在自己"孩子"的身上，真是匪夷所思

◎ 绿带翠凤蝶（夏型）交尾

◎ 绿带翠凤蝶在黄檗叶子上产卵

◎ 准备化蛹的绿带翠凤蝶末龄幼虫

后"蝶——绿带翠凤蝶也不能幸免，它们被捕杀的原因仅仅是它们都有着美丽的翅膀。由于大部分雄蝶的色彩比雌蝶更艳丽、更能"入画"，所以雄蝶遭到更严重的捕猎，直接的后果就是这些蝴蝶的雌雄比例严重失衡。到了交配季节，雄蝶难得一见，雌性蝶找不到雄性蝶，自然就无法完成交配。没有受精的卵就孵化不出下一代，这样蝴蝶的幼虫就会逐年递减，而灾难周而复始，它们的美丽翅膀正逐渐在人们眼前消失。

◎ 千姿百态的绿带翠凤蝶越冬蛹

后记

无论是在杜甫的"留连戏蝶时时舞，自在娇莺恰恰啼"、李商隐的"庄生晓梦迷蝴蝶，望帝春心托杜鹃"的意境中，还是在《红楼梦》中的宝钗戏蝶、《梁山伯与祝英台》中的双双化蝶的深刻寓意中，美丽的蝴蝶给予人们的都是无限的遐想和文思，然而，我们痛心地看到，这些有着魅舞丽影的生灵正在面临越来越窘迫的生存境地。近些年随着山林的过度砍伐，黄檗树濒临灭绝；除草剂等农药的肆意喷洒让芸香科植物越来越少。不远的山坡上带卵的绿带翠凤蝶在各种植物之间不停地跳跃，尽管有刻进基因里的遗传的嗅觉以及触角的感应能力，但它们寻找产卵的地方已是难上加难。它们只能无奈地绕着山坡飞来飞去，在缺少芸香科植物的山林里跳着凌乱、疲惫的舞步。在山里，每当我看到这样的场面，握相机的手都会不由自主地微微发抖。

如梦似幻的凤蝶姐妹花

姐妹花，是美丽力量的叠加，让人赏心悦目、叹为观止。无论是人类世界的孪生姐妹，还是植物界的重瓣花朵，都是如此。而姐妹花在昆虫界也可寻到芳踪。同为凤蝶属的金凤蝶和柑橘凤蝶因翅脉相似，习性相仿，舞步趋同，远远看去宛若两个舞动的花瓣，受到蝶迷们的喜爱和摄影爱好者的追逐，它们被大家亲昵地称为山林里的"凤蝶姐妹花"。

姐妹花的花样家世

每年到了惊蛰节气，越冬的凤蝶姐妹花蛹便开始躁动起来，对于已经蛰伏了一个冬季的蝶蛹来说，已是度日如年了。它们深知只有破蛹成蝶，方可翩然起舞、一展芳容。

◎ 柑橘凤蝶（夏型）化蝶过程

初春时节，微风拂煦，冰雪融化，大地湿润。凤蝶姐妹的越冬蛹伴着无限的想象，为化蝶默默地准备着。终于在一个风和日丽的上午，蛹开始羽化，先由最初的枯叶颜色过渡到深褐色，翅膀的花纹像是用了显影剂，逐渐显现了出来，流动的小气泡在蛹的内部不停地穿梭，从慢到快，再由快到渐渐停止，空气里充斥着紧张的气氛，突然间，这个安分守己了大半年的蛹剧烈地震动了一下，你还没有缓过神儿来，它已经从胸部撕开了一道缝，头部率先钻了出来，柔软的虹吸式口器交错伸展，一边嗅着新鲜的空气，一边探测周围的环境，这是生存的本能，紧接着整个蝶身快速从蛹里钻了出来，并迅速爬到最高位置，让翅膀能够从容地向下伸展，这些动作一气呵成，哪个环节出了问题都会玉断香残。当第一个越冬蛹羽化成蝶后，其他的越冬蛹便纷纷追随，陆续破蛹而出。经过一个多小时的晾晒，刚刚成蝶的凤蝶姐妹们和着春风的节奏舒展开美丽的翅膀，旋即振翅升入空中，完成了由蛹态到蝴蝶的华丽转身。身后那刚刚脱下的蛹壳依旧挂在枝头随风摇摆，作为上一个生命形态的印记留给大地。

姐妹花的啼笑姻缘

金凤蝶和柑橘凤蝶同属鳞翅目，为完全变态类昆虫，分卵、幼虫、蛹、成虫 4 个不同的生长阶段。它们一年两个世代（部分地区也有

◎ 刚刚破蛹成蝶的柑橘凤蝶（春型）

◎ 刚刚破蛹成蝶的金凤蝶（春型）

◎ 抢婚的柑橘凤蝶（夏型）

◎ 柑橘凤蝶化蝶瞬间（春型）

◎ 第三只金凤蝶（夏型）插足的场面

三代的记录），越冬蛹熬过严寒化成的蝶，我们称春型，是第一代蝶；在温暖的夏日里化蛹成蝶的，我们称夏型，是第二代蝶。

金凤蝶和柑橘凤蝶如愿以偿地飞向了蓝天，开启了第一代蝶的浪漫与艰险之旅。

凤蝶姐妹花白天在花间轻盈地飞逐、嬉戏、漫舞，长如丝带的尾突临风飘动，甚是优美，晚上又在同一片林下休息。然而到了择偶期，为了传宗接代，它们会各自分开，寻找同种的伴侣。这期间，姐妹花失去了往日的温柔，追逐、打斗、

◎ 柑橘凤蝶的集体婚礼，少有的和谐场面（春型）

抢婚成了它们的家常便饭。交配权的争夺异常激烈，有的雄蝶付出了生命的代价也未获得红颜眷顾，只有一小部分幸运的宠儿才有机会一亲芳泽。值得称道的是，凤蝶姐妹花不需要婚礼，也不收任何彩礼，只要中意对方，便会双双裸婚于山谷深处，蓝天当被，绿叶为床。短暂的"蜜月"过后，雄蝶会因为体力消耗过大，日渐不支随风而去。姐妹花带着爱的结晶，在完成种群延续使命的同时，也开启了自己生命结束的倒计时。它们会在余下的日子里利用触角的感应能力去寻找产卵的"圣地"。

◎ 陶醉在爱河里的金凤蝶（夏型）

◎ 在白鲜花瓣上交尾的柑橘凤蝶（春型）

虽然金凤蝶和柑橘凤蝶被称为一对孪生姐妹，但它们的寄主并不完全相同。金凤蝶的宝宝喜欢吃野芹菜叶子、胡萝卜叶子和伞形科的蛇床子叶子，而柑橘凤蝶的宝宝则偏爱野花椒的叶子和嫩橘子叶子。在这乍暖还寒的季节里，这些植物尚处在苏醒期，根本无法提供鲜美的叶子。于是，待产的凤蝶姐妹花准妈妈们决定另辟蹊径，寻找其他叶子代替。金凤蝶准妈妈绕着山谷滑行，柑橘凤蝶准妈妈顺着河岸寻找。它们一边用触角探测，一边用能分辨味道的前足来辨认，判断是否可以食用。真是苍天不负有心蝶啊，这天，金凤蝶的准妈妈率先在山坡上发现了一种植物——八股牛，品一品味道，对极了！它立刻

◎ 每年的 5 月中旬，八股牛都会如期开花

◎ 白鲜是芸香科植物的一种，多年生草本植物，根皮入药，东北民间俗称"八股牛"

◎ 柑橘凤蝶（春型）妈妈一边飞舞，
一边在八股牛的叶子上产卵

◎ 柑橘凤蝶妈妈在八股牛的花骨朵下方
留下了自己的后代（超微距镜头拍摄）

　　兴奋地在这片八股牛上来回飞舞。很快柑橘凤蝶准妈妈也知道了这个好消息，快速地从河边
飞过来。就这样，八股牛的叶子上留下了凤蝶姐妹花妈妈们的一枚枚珍贵的卵。

　　产完卵的凤蝶姐妹花妈妈们是多么想亲眼看到自己的宝宝出生啊，然而大自然是严酷

◎ 金凤蝶（春型）妈妈在八股牛叶子上留下一枚珍贵的卵

◎ 正在往蛇床子上产卵的金凤蝶（夏型）妈妈

的，它们没有时间看到宝宝出生，更没有机会尽抚养义务了，只能恋恋不舍地飞离这片"圣地"，不久便会追随雄蝶的脚步，葬身于泥土，结束自己短暂但有声有色的生命。

个体的生命已逝，然而从种群的角度来说，生命正通过下一代延续。经过一周左右的养精蓄锐，凤蝶姐妹花的后代在八股牛的叶子上悄悄地发生着变化，卵的颜色逐步加深，过不了多久，蝶宝宝就会咬破卵壳，从里面钻出来。这些刚出生的蝶宝宝肉肉的，带着褐色棘毛，难看得像是一小坨鸟粪。其实，这都是妈妈们良苦用心的设计，酷似鸟粪的外表是用来躲避捕食者的。随着蝶宝宝一天天长大，身体的颜色也逐渐发生了变化。金凤蝶宝宝变成浅绿色，腹节间有黑色带状环形斑；柑橘凤蝶宝宝则变成黄绿色，后胸两侧有眼斑。它们长相虽然不同，但是胃口却始终保持一致，除了八股牛的根与主秆不碰，叶子、花朵、果实无一幸免。

3周左右，蝶宝宝们已经长到5龄了，吃得身强体健。为完成凤蝶家族延续香火

◎ 第一代柑橘凤蝶落在白头翁花上休息，此时它的寄主还在休眠中

◎ 刚刚孵化出来的柑橘凤蝶宝宝，超微距镜头拍摄

79

的使命，它们要陆续做蛹了。这期间它们停止了进食，不辞辛苦地爬呀爬呀，远离了寄主——八股牛，寻找安全的地方，开始了化蛹前的准备。先在树枝上或草秆上进行净身——排空粪便，再吐丝将自己尾部固定，然后把自己拦腰缠住，确保万无一失了，就静卧着等待化蛹的时刻。

再过两周左右，凤蝶姐妹花再次破蛹成蝶，又获得了新生。夏型的凤蝶姐妹花又在山林里粉墨登场了。

◎ 等待化蛹的金凤蝶末龄幼虫

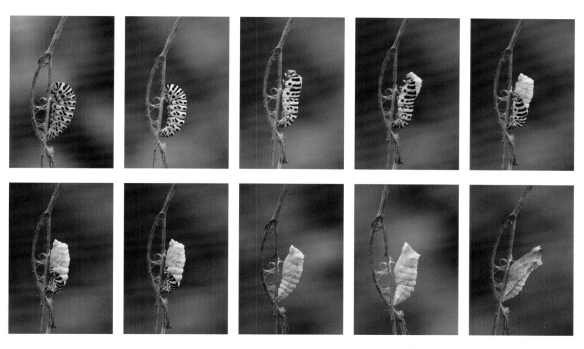

◎ 金凤蝶（春型）化蛹全过程

◎ 金凤蝶（夏型）化蛹全过程

◎ 柑橘凤蝶（春型）化蛹全过程

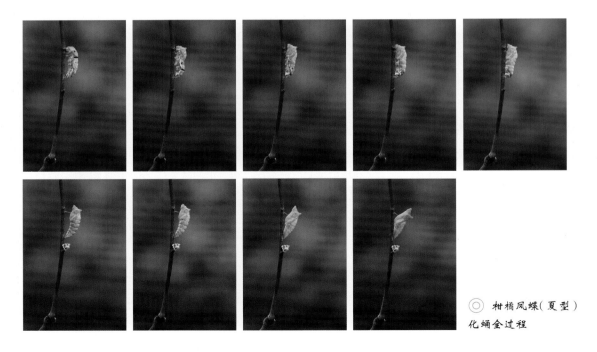

◎ 柑橘凤蝶（夏型）
化蛹全过程

◎ 非要摞一起，热也不嫌挤，等待新生时，大家皆欢喜（一对金凤蝶雌雄宝宝在一起做蛹了）

◎ 柑橘凤蝶宝宝在一起做蛹了

◎ 左图为金凤蝶刚刚做蛹时，右图为其羽化前的时刻

◎ 一对相爱的柑橘凤蝶疏忽大意，撞到了蜘蛛网上

◎ 茧蜂的寄生让金凤蝶的蛹无可奈何

姐妹花的各路天敌

第二代的凤蝶姐妹花赶上了夏季这个好时节，食物丰富，环境舒适，温度适宜，但同时夏季也是各种昆虫的活跃期和强盛期，其中包括它们的天敌。花草丛中，明争暗斗、偷袭杀戮的连续剧每天都在上演。尤其对毫无自卫能力的凤蝶姐妹花来说，更是防不胜防，所有天敌都把它们列为捕食目标。

蜘蛛是凤蝶姐妹花的头号天敌。会织网的把网悬挂在两朵花之间，阻断了凤蝶姐妹花访花时必经的飞行路线，凤蝶姐妹花一不小心就会飞进捕食者的天罗地网；不会织网的更为阴险，它们隐藏在花瓣的后面，伪装成另一朵花，静等凤蝶姐妹花飞来。还有一些天敌，对飞行的凤蝶姐妹花无法下手，竟然处心积虑地等候它们产卵，着眼于下一代，对蝶宝宝下手，最典型的就是蜂，为了品尝"一口鲜"，不计时长。厚颜无耻的螽斯更

◎ 遇到惊吓，柑橘凤蝶宝宝伸出臭角，用来吓退天敌

◎ 可怜的柑橘凤蝶，蛹期被寄生，羽化出来的竟是寄生蜂的后代

◎ 正在吃八股牛叶子的金凤蝶宝宝突然吐出臭角，像是发现了什么

是肆无忌惮地入侵凤蝶姐妹花宝宝的领地。每当遇到这样的险情，蝶宝宝都会使出看家本领，先是跳一种奇特的防御之舞来迷惑对手，像蛇一样地扭动，紧接着伸出臭角，散发刺鼻难闻的气味，目的是让对方相信自己是有毒的，吓其离开。这些小伎俩只会吓退那些小偷小摸的，对于像江洋大盗一样的庞大的螽斯来说，就像是餐前助兴表演，螽斯实施精确打击，可怜的蝶宝宝便一命呜呼。还有更狠毒、更诡异的杀手——寄生蜂和寄生蝇。它们作案通常有两种手段：一是外寄生，二是内寄生。外寄生，顾名思义，就是宿主把卵产在蝶宝宝的身上，等自己的后代孵化出来正好食用蝶宝宝的身体；而内寄生则是把卵产在蝶宝宝的体内，让孵化的后代食用蝶宝宝的体内组织。无论哪一种，都是口口见血、刀刀致命。

少数成功化蝶的幸运儿继续承担着种群延续的使命。

姐妹花的细微区别

金凤蝶和柑橘凤蝶犹如孪生姐妹一样，实在是不太容易分得清。这给野外采风的摄影爱好者和喜欢收藏蝴蝶的爱好者带来了极大的辨认难度。

然而如同两片树叶总有不同的地方一样，只要仔细观察，从细微处着眼，就能找到凤蝶姐妹花成蝶后的微小区别。据我多年的观察，它们有以下几个区别：一个是前翅的花纹变化，柑橘凤蝶的前翅部分是带状花纹，而金凤蝶的则是点状花纹；另一个是柑橘凤蝶的尾突臀角处有一个醒目的橙黄色圆斑，且圆斑中心有一个黑点，而金凤蝶的尾突臀角处虽然也有一个橙黄色圆斑，但是圆斑中心没有黑点；还有，柑橘凤蝶总体偏黑色，金凤蝶总体偏黄色。

◎ 柑橘凤蝶翅膀局部

◎ 金凤蝶翅膀局部

◎ 刚刚结束交尾的
金凤蝶（上雌下雄）

◎ 柑橘凤蝶在展开
翅膀交尾

　　凤蝶姐妹花产卵的方式是一样的，都是单产。分散产卵，防止被天敌一窝端，这样做确保了下一代的存活数量。卵的大小、颜色、孵化时间也基本一致。幼虫期开始出现区别，到了蛹态更加明显，柑橘凤蝶的蛹瘦小些，中胸后背突起一个较长的尖，远看酷似一个等比缩小的"罗锅"，头顶角状突起中间凹入较深；而金凤蝶的蛹略胖些，中胸后背突起不是很尖，远看有点驼背，头顶角状突起中间凹入较浅。长期进化让蛹态具有模拟周边环境的能力，夏型蛹基本为鲜绿色，越冬的春型蛹为褐色，这也是凤蝶姐妹花的得意之作。

　　"庄生晓梦迷蝴蝶"，人耶？蝶耶？栩栩然，似乎清清楚楚；茫茫然，却又如梦如幻。凤蝶姐妹花带给人们的不仅是外貌的美，更留下了深深的思索和感叹。

婀娜魅影话飞蛾

笋纹蛾的低龄幼虫

无论是"暗梁闻语燕，夜烛见飞蛾"，还是"南轩夜虫织已促，北牖飞蛾绕残烛"，蛾子，这小小的精灵翩然游走于隽永的古诗词中，留给人们无垠的遐想与思索。"我是谁？我从哪里来？我到哪里去？"，就让我们跟从这3个永恒的哲学命题，捕捉飞蛾的婀娜魅影。

我是谁？

蛾子种类之多令人惊叹，有蚕蛾、天蛾、灯蛾、毒蛾、夜蛾、舟蛾、尺蛾、螟蛾等。蛾子不仅有五彩斑斓的色彩，而且它们的体形同样也是千差万别。有的蛾子非常小，像羽蛾，小到米粒那么大；有的蛾子翅膀张开后有手掌那么宽，如箩纹蛾。蛾子在生命的4个阶段中，从卵到幼虫，到蛹，再到成虫，每一步都有一套办法让自己巧妙地存活下来，其中有些行为匪夷所思，使用的招数又让人眼花缭乱。自然界中的蛾子们各有"看家本领"，它们都是出色的魔术师。

◎ 掌舟蛾的外形为了枯枝而强化，这说明枯枝具有强大的生态作用（左下角为它产的卵）

◎ 紫光盾天蛾躲在烂树墩上交尾（上图为它产的卵）

越过冬天的忍冬桦蛾茧成功羽化为成虫（上图为其幼虫时期）

◎ 在柳树枝上休息的蚁舟蛾幼虫。

◎ 日本灰舟蛾的幼虫受到惊吓后，把四足张开，虚张声势

◎ 相互壮胆的蚁舟蛾的幼虫

◎ 漂亮的灰舟蛾幼虫

蕾鹿蛾和它产的卵

艳叶夜蛾的成虫与它的幼虫

我从哪里来？

这些不寻常的魔术师产下的蛾卵，其形状与构造截然不同，但都有一个结实的外壳，这是为了躲避寄生虫的侵袭，同时还能保证虫卵在里面能够正常呼吸，这些精致的蛾卵就像是一粒粒散落在草丛中或枝头上的宝石，等你来发现。

◎ 据说箩纹蛾的翅膀纹脉酷似箩筐的条纹，所以取名"箩纹蛾"，图中右上是箩纹蛾的低龄幼虫

◎ 柞蚕蛾的雄蛾威武的姿态，获第六届全国昆虫摄影大赛三等奖

◎ 模拟胡蜂的样子，让其他昆虫害怕，这就是江湖中狐假虎威的白杨透翅蛾

◎ 从树上掉下来，仍然没有分开的小折巾夜蛾

其实，蛾子早在恐龙时代就已经存在了，目前收集到的最古老的蛾化石距今已有1亿8 000多万年了。可见蛾子在昆虫界也是"老老人"了。

蛾子，为鳞翅目昆虫。身体结构非常

◎ 逆光下尺蛾落在梨树叶子上高调地交尾

简单，由头部、胸部和腹部3个部分组成。其翅膀和身体上附着一层薄薄的鳞片（无毒），这些鳞片的颜色和样式丰富多彩，镶嵌在一起，就如同鸟类的羽毛，蛾子的翅膀可以捕捉到空气，让自己飞舞起来。

◎ 舞毒蛾一边产卵一边用尾毛铺垫，可见这是一个有智慧的蛾妈妈

◎ 银二星舟蛾正在产卵

◎ 灯蛾妈妈真是高产啊，看看这些卵

◎ 艳修虎蛾产卵瞬间

◎ 红棕灰夜蛾妈妈都是在夜间完成产卵的

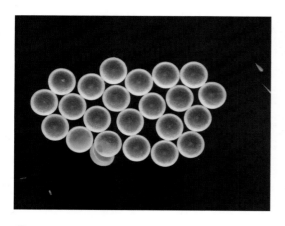

◎ 不知哪位粗心的蛾妈妈把卵产在窗户上，玻璃在太阳的炙烤下温度会升高，卵注定不会孵出来

◎ 黑蕊尾舟蛾幼虫非常聪明，吃完饭马上离开寄主，在狗尾巴草上短暂休息，目的就是规避危险

浪漫初夜的冬尺蛾

◎ 由于雌性冬尺蛾没有翅膀，因此它爬到高处释放气味，用来吸引异性

初秋的夜晚，空气中弥漫着露水的味道。此时雌性冬尺蛾已爬向枝头，稍做审视，见时机已到，便开始从腹部末端散发气味了，这气味非同小可，它不仅决定着今晚的终身大事，而且关乎着种群的发展。为了能繁殖更多的后代，它多年来已演化成了超生妈妈，也为此付出了翅膀退化的高昂代价。它终生靠爬行四处躲藏，不过到了交尾的季节，没有翅膀的它却总能召唤远方的雄蛾前来赴约，这是什么原因呢？

对于大多数在月光下求爱的蛾子来说，不是靠颜色，而是通过散发气味来吸引对方，雌蛾会散发性激素这种化学物质来吸引雄蛾，冬尺蛾就是其中之一。传承的基因使它能准确判断出露水天气，因为露水能帮忙把气味传递得更远。借助露水这个媒婆，沾有雌性冬尺蛾释放的性激素气味的露水漫无边际地四处扩散，随着空气的传播，飘落到了几千米以外的雄蛾身上。对雄蛾来说，这种迷蛾的气味具有不可抗拒的魔力，于是通过月亮的导航，找到雌蛾，一亲芳泽。两个素未谋面的陌生客在这一夜喜结良缘。没见过面并不重要，重要的是气味相投。

◎ 雄性冬尺蛾在很远的地方就闻到了这
不可抗拒的气味，不顾一切地前来捉对

炫耀悬停技术的天蛾

在昆虫界，蛾子是公认的飞行健将，它们当中有的漫舞，有的来去匆匆，有的则可以快速扇动翅膀，像鹰那样在空中盘旋。掌握这样的高难度飞行动作的，在蛾中当属小豆长喙天蛾及咖啡透翅天蛾了，这些长相有些怪异的家伙喜欢奇装异服，满身长有棕色的鳞片，似蝶像蜂，尖尖的头部伸出一个长长的吸管，一对半透明的翅膀看上去有些破旧，却有着惊天的本领。它经常飞舞在花丛中吸食花粉，飞行时发出嗡嗡的声音，像是在炫技，抑或是在给自己壮胆。它夜伏昼出，天一亮就急忙飞出去，扑向记忆中的花丛。对小豆长喙天蛾来说，所有的花朵都是它的补给站，它时而在花间盘旋，时而在花前疾速飞行。它在空中悬停时既能前进也能后退，凭借此招，总能在危险来临之前快速地逃离现场。

◎ 在鼠尾草丛中，小豆长喙天蛾开心地来回穿梭，逆光下翅膀映射得通红

◎ 善于在空中悬停的小豆长喙天蛾，网上误写为"蜂鸟蛾"

◎ 咖啡透翅天蛾交尾，这是十分罕见的镜头

◎ 大意的咖啡透翅天蛾惨遭中华大刀螳的"毒手"

在自然界，任何一个疏忽都会带来灭顶之灾，哪怕你有再娴熟的飞行技巧。一旦选择了错误的飞行路线，注定会凶多吉少。半空中，一只寻花的咖啡透翅天蛾发现一处浅水湾，周围长满了"诱人"的鼠尾草，蓝蓝的串型花朵和着风的节奏左右摇摆，散发出沁人心脾的芳香，让它不由自主地降落下来，渴望饱餐一顿。然而在暗处，一只饥肠辘辘的雌性螳螂已经在这里埋伏两天了，它太需要一顿饱饭了，这只受孕的雌性螳螂只有汲取足够的能量，才能完成产卵任务。在鼠尾草的摇晃中，它感知到了咖啡透翅天蛾翅膀的振动，于是鬼鬼祟祟地靠了上去，并张开前足守株待兔，过于贪恋花粉让咖啡透翅天蛾失去了以往的警惕，也许是"艺高人胆大"，凭着自己有悬停的本领，并未把"别人"放在眼里，更没有想到会成为"别人"的盘中餐，面对眼前的危险，浑然不知。当它飞进螳螂的捕猎范围内，生命也走向了终点，在螳螂锯齿般的大刀下越挣扎越会加速死亡。

要想有资格穿上奇异的外衣，就必然要经过江湖的洗礼。

与蝶争艳的榆凤蛾

蛾子最令人着迷的是它的变态能力，它能够在蛹里把自己从啃树叶的小幼虫羽化成翩翩仙子。荀子的赋中有"蛹以为母，蛾以为父"这样的对蛾子的赞叹！腹部镶满玫瑰

◎ 榆凤蛾产下的卵，像不像小几号的西瓜呢？

花图案的榆凤蛾就是蛾中的佼佼者。这些图案启发了众多艺术家的灵感，也吸引了不少摄影爱好者慕名追逐。

　　榆凤蛾有别于其他蛾子的地方就是它白天飞行，喜欢在蓝天下漫舞，长长的尾突左右摇摆，忽而低飞嬉戏，忽而追逐攀升，就像是洒落凡间的玫瑰花瓣。它访花的时候更是娇艳。当榆凤蛾与麝凤蝶、美姝凤蝶、碧凤蝶同在花丛中时，那美丽的身姿、展翅的倩影丝毫不逊色于其他蝴蝶，有时还充当领舞的角色。遗憾的是天妒红颜，美丽的榆凤蛾飞舞的时间并不长，完成交尾后的雄蛾默默地葬身于尘土，雌蛾则绕着山坡飞行，寻找产卵的地方。几番挑选，终于把卵产在榆树叶子的背面，产完卵的雌蛾疲惫地合上了翅膀，而这带有纵脊纹的虫卵中正孕育着新的生命。在产

◎ 榆凤蛾的低龄幼虫集体用餐，一有风吹草动马上装死

◎ 到了繁育的季节，榆凤蛾们举办了集体婚礼

下数周后，榆凤蛾的卵就要孵化了，刚刚孵化出来的幼虫用尖尖的吻部撕开卵壳，钻出来，它的第一餐就是自己的卵壳，这是蛾妈妈苦心孤诣留下的救命粮，仿佛就是这个未来的贪吃小家伙的开胃菜。这是一群井然有序的毛毛虫，它们集体觅食，有任何风吹草动，都会立刻停止进食，一动不动，待危险解除后，又集体狂吃起来。榆凤蛾的幼虫是在地下做蛹并越冬的，等到来年春天的暖意把它们从冬眠中唤醒时，天空中又会出现美丽的玫瑰花瓣了。

◎ 榆凤蛾的4龄幼虫，浑身长满蜡粉，让觊觎它的食客们望而生畏

◎ 娇艳的榆凤蛾坠入爱河

107

擅长伪装的枯叶蛾

蛾子们最喜欢的防身招数是捉迷藏和伪装自己。它们常用"起幺蛾子"的招数来迷惑对方，每当这些把戏被我识破并用相机拍摄下来时，那种心情就像一个考古者走进了未知的古墓，每一样即将发现的珍品都透着某种神秘气息。

◎ 落在栗子树上掉下来的枯姜叶子上面的两只枯叶蛾，你得仔细观看才能发现

◎ 模拟枯树叶子能做到 3D 效果的，也就是核桃美舟蛾了

◎ 橘褐枯叶蛾和它的卵

◎ 枯叶蛾落在野葡萄藤上休息

　　为了能够"寿终正寝"，伪装成了所有蛾子的必修课。白杨透翅蛾模仿胡蜂的模样狐假虎威；蓑蛾把自己伪装成木屑条掩人耳目；掌舟蛾模拟树棍的形状撒下弥天大谎；而枯叶蛾为了逼真地伪装成枯树叶子，经过多年的进化修炼，竟舍去了漂亮的外形，扔下了傲人的"花衣"，披上了酷似枯萎叶子的"外套"。凭着别具一格的伪装术，枯叶蛾遇到危险的时候总能笑到最后。

　　枯叶蛾静止不动时，就是一个"标准"的干叶子，这样当它躲进草丛中休息的时候，是很难被天敌发现的。它歇够了又不动声色地飞走了，就像是路过的秋风吹走了一片毫不相干的枯树叶子。因此，江湖中把枯叶蛾誉为"会跳舞的树叶"。其实，在蛾子中还有很多伪装高手能熟练运用这种"瞒天过海"的法术，像核桃美舟蛾把自己伪装成卷曲的枯叶子；艳叶夜蛾把自己的触角进化成又短又粗的"叶柄"来更加逼真地模仿叶子。

　　虽然我们对这些蛾子伪装的历史知之甚少，但是常年在山里与它们近距离接触，有幸见证了伪装大师们的精湛魔法，令人叹为观止。

110

◎ 落叶枯叶蛾的卵，每一枚卵上都沾一点蛾妈妈的尾毛

◎ 模拟木疖子的落叶枯叶蛾，达到了以假乱真的地步

我到哪里去？

傍晚，太阳正在收回它最后的余晖。蛾子们便开始躁动起来，它们大部分喜欢在夜间飞行，而且朝着灯光的方向，从未想过退路。这也许是一群无私的蛾子，它们把明媚的阳光让给其他飞行者，却独自飞行在清凉的夜晚，借着月色或者微弱的灯光，蛾子们轻盈地舞动翅膀飞过，洒下点点鳞粉，与星光交会在一起。为了寻求光亮，即使前方是燃烧的火焰，它们也会不顾一切地飞过去，这就是传说中的飞蛾

◎ 扑向灯光的膜蛾，不知道是为了爱情，还是想在灯下闲逛

◎ 野蚕蛾翅膀的局部，翅膀上的一对仿兽眼用来躲避天敌

◎ 灰舟蛾的成虫

◎ 在灯光下取暖的小飞蛾，这是非常危险的，因为捕猎者也时常光顾这里

◎ 傍晚躲在暗处的洋槐天蛾正在交尾，这是难得一见的

◎ 落在窗户上往屋里偷窥的一对舟蛾

◎ 故意露出内翅膀的毒蛾，告诉天敌自己有毒

◎ 刚刚羽化成功的女贞尺蛾，目前翅膀还是柔软的，暂时不能飞行

113

◎ 这就是传说中的桃六点天蛾，它们静卧在树上，享受着美好的爱情

◎ 逆光下的短尾大蚕蛾，姿态优美地摆着造型

◎ 分月扇舟蛾躲在柴火垛里交尾，不仔细辨认还真的很难发现

蜂为花忙，蛾因灯逝，翩翩飞蛾掩月烛。无论是走婚的冬尺蛾、悬停的天蛾、娇艳的榆凤蛾、伪装大师枯叶蛾，还是人类不曾探究的各种飞蛾，百变的它们在大自然中左右逢源，这是昆虫界的一则古老寓言，一场关于生命与美的魔术。

◎ 分月扇舟蛾产的卵

扑火。然而夜间飞舞的蛾子为什么会不顾一切地扑向灯火呢？它们扑火之前知道会死吗？科学家至今都没能揭开这个神秘之谜。有人猜测这是蛾子错把灯火当成了给它们引路的月光；也有人认为这是蛾子为寻求伴侣，舍身殉情；还有人说这是自然现象，是大自然为了控制种群的发展而设下的关口。

飘落凡间的精灵——蜉蝣

◎ 蜉蝣的剪影（获第四届全国昆虫摄影大赛一等奖）

　　《诗经·曹风·蜉蝣》用极其精练的语言描摹了蜉蝣的形象："蜉蝣之羽，衣裳楚楚……蜉蝣之翼，采采衣服……蜉蝣掘阅，麻衣如雪。" 变化不多的诗句经过3个层次的反复，使蜉蝣的一生绽放出华丽的光芒。的确，蜉蝣是一种非常柔弱且害羞的昆虫，它的身世可追溯到近3亿年前，那个时候，它们还是恐龙的邻居。而如今，恐龙成了化石，蜉蝣却存活了下来。在动物界，蜉蝣是公认的老资格。它的稚虫在水中生存之长、出水后的成虫在世间生命之短（朝生暮死）、其形体结构之精巧，都着实令世人感叹。它们体态轻盈、纤弱可爱、飞行飘逸、银光闪闪，在短暂的成虫期绽放出最绚烂的光彩，确是飘落凡间的精灵。

◎ 假二翅蜉蝣侧面照

精灵的家世

早在 2 000 多年前，《汉书》中就有"蟋蟀俟秋吟，蜉蝣出以阴"的记载。三国时期吴国陆玑在其专著中对蜉蝣有着详细的描述："蜉蝣……似甲虫，有角，大如指……甲下有翅……夏月阴雨时地中出……朝生而夕死。"这里除了个头大如指与现在的蜉蝣不相符外，其他没有太大的出入，现在的蜉蝣比指甲还要小，也许这就是进化的结果，为了生存体形越来越小吧。蜉蝣一生经历卵、稚虫、亚成虫和成虫 4 个阶段，是有翅亚

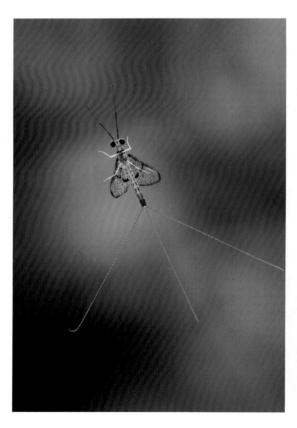

◎ 落在窗户上的雄性蜉蝣

◎ 蜉蝣之间的个体差异非常大，最大的蜉蝣和最小的蜉蝣个头能相差几十倍

◎ 在水里生活的蜉蝣稚虫

◎ 小溪旁一只蜉蝣正在专心致志地产卵

◎ 黄河花蜉上岸后迅速羽化，这个蜉蝣正在奋力把 3 根尾丝从壳里拽出

纲中比较原始的变态类型。蜉蝣体形细长，身体柔软，触角短，复眼发达，前翅很长，后翅则非常短小，腹部末端有一对细长的尾丝，部分种类还有中央尾丝。

蜉蝣的卵两周左右就能孵化出来，蜉蝣宝宝们咬开卵囊进入水中。它们是天生的游泳健将，经常活动在浅水区域，以藻类为食。它们在水里的时候被称为稚虫，这个阶段生长较为缓慢，一般需要 1 ~ 3 年的时间，有的甚至需要 5 年到 6 年。在此期间，稚虫们需要不断地蜕皮才能长大。蜉蝣在稚虫期对水质和环境要求很高，只有在凉爽、氧气充足的水里方能正常发育。如果生态被破坏，水遭到污染，它们出水羽化的时候会因蜕不下皮而窒息死亡。由于它们对水质非常敏感，所以科学家经常用它们来监测水的污染情况，蜉蝣与石蝇、石蛾并称测量小溪、河流水质的三大指标昆虫。

令人称奇的是，在所有昆虫当中，只有蜉蝣目昆虫在变为成虫的时候要经过一个亚

◎ 蜉蝣蜕皮，由亚成虫转变为成虫

成虫期，也就是说要多蜕一次皮。亚成虫期的时间非常短暂，亚成虫不多时就会再次蜕皮变为成虫。对于蜉蝣目昆虫独有的亚成虫期，生态界目前有 3 种猜测：其一，额外的蜕皮能够使尾丝达到一定的长度，这样会增加飞行的稳定性；其二，多蜕一次皮会使雄性蜉蝣的前腿加长，交尾时这长长的前腿刚好能抱牢雌性，提高交尾的成功率；其三，再次蜕皮会保留翅膀表面防水的短毛，能避免危急时刻被困在水中。无论何种推测都认为亚成虫期的存在增强了蜉蝣的生存、繁衍的能力。

精灵的生存

人类连篇累牍地著书立说，研究恐龙是怎样灭绝的，却很少有人关注蜉蝣是怎么历经磨难将族群延续至今的，这在某种程度上不能不说是一种缺失。蜉蝣位于食物链的末端，防卫能力微乎其微，能从几亿年前活到今天，且生机勃勃，实属不易。虽说够不上九九八十一难，但"九死一生"对蜉蝣来说绝非危言耸听，而它的求生秘籍就在于巧妙地利用天时地利与天敌周旋，以保全性命。

比如蜉蝣稚虫长期生活在水里，水面上看似风平浪静，水下却是危机四伏。为了生存，残酷的杀戮每时每刻都在上演。蜉蝣的稚虫天敌众多，除了鱼类，水蝽、水生甲虫、大田鳖、狗虾、水螳螂、水虱，齿蛉的稚虫和石蝇的稚虫也会拿它当盘中美味。所以，它们要想修成正果，必须要"斗智"。蜉蝣的稚虫浮出水面羽化的时间大多在傍晚。大部分天敌经过白天的忙活，吃饱了，也累了，该休息了，稚虫这时出水，无疑把风险降到了最低。一到傍晚，它们好像听到了某种生命旋律的召唤，从水里陆续爬出，迫不及待地想脱掉"外

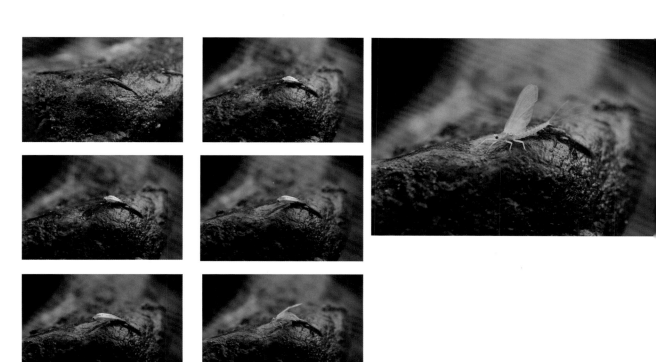

◎ 黄河花蜉羽化过程

◎　还有的蜉蝣种类羽化的时候更是一绝，身体附着在水里的石头上，在水里完成羽化，我有幸拍到了这样的场面

衣"。只见河岸边不起眼的各类石头旁趴满了将要羽化的稚虫，它们把牢后就静止不动了，片刻间胸部开始裂开，蜉蝣的头部最先露了出来，接着是翅膀和 6 足，最后，把长长的尾丝从壳里奋力拽出，旋即飞起，升入空中，而且越聚越多，像缕缕青烟飘向空中，和着风的节奏摇摆不定，这让想捕食它们的天敌们无所适从。整个羽化过程不足 30 秒，一气呵成，赢得生机。它们告别漫长的水中生涯，开启新的航程，恍若生命之旅的接力赛。值得一提的是，蜉蝣出水的同时也启动了生命的倒计时。

出水后的蜉蝣抛弃了嘴，舍弃了胃，不食"人间烟火"，只求交尾后速死。它身轻如风，

◎ 早上的露水让蜉蝣动弹不得，蟹蛛趁机得手

◎ 自然界的杀戮每天都在上演，面对强大的食虫虻，赢弱的蜉蝣只能屈服

◎ 蛛网让蜉蝣失去了自由，露水过后将成为蜘蛛的早餐

飞行姿态飘忽，这些能量全来自稚虫期储备的脂肪，而这些脂肪仅够不到 1 小时的飞行，来完成传宗接代的任务，这就是精灵的高明之处。试想，如果有了嘴和胃，那就得先解决吃喝问题，对于没有防卫武器的蜉蝣来说，生存的概率恐怕就更低了。尽管精灵们为维系生存，不乏"奇思妙想"，但是大自然是保持生态平衡的高手，为此又设下重重障碍，在蜉蝣稚虫羽化过程中层层设卡，降低成功率。一是爬出水面的它们没有任何的防御能力，成为给水狼蛛和蚂蚁送上门的美餐，就如同迁徙的角马被河里的鳄鱼捕杀一样；二是爬出水面的稚虫在羽化前是不能动的，如果稍稍一动，6 足筋脉立断，羽化失败，随即夭亡；三是大家一起挤着出水，难免会出现"踩踏事件"，相互伤害。羽化成功的幸运儿还要经历独有的二次蜕皮，在蜕皮期间会不断受到蜻蜓、豆娘、艳娘、蟹蛛、跳蛛、食虫虻等肉食性杀手的围追堵截，要想寿终正寝更是难上加难。

◎ 深秋的露水打在蜉蝣的身上，使其动弹不得

◎ 这个蜉蝣把露珠搂在怀里，生怕被太阳偷走

精灵的初夜

第二天清晨，岸边的菖蒲草上，刚刚完成二次蜕皮的蜉蝣们静悄悄地待在那里，柔软的身体在阳光的照射下泛着淡淡的黄色，它们爬到距离蜕掉的皮不远的地方，保存体力，耐心等待晚间的相亲盛宴。

太阳渐渐地落山了，夕阳把河水染红，在微风的吹拂下，蜉蝣们开始轻微地扇动翅膀，它们要借助风的力量舞动自己的羽翼，在空中完成求偶、交尾。考虑到有限的飞行能量，雌性蜉蝣没有时间卖萌、晒颜值，率先飞向空中，数量众多的雄性蜉蝣随即升空追逐，由于受到体力的制约，最后只有少数幸运的雄性才有机会一亲

◎ 在溪水旁的石头上交尾的蜉蝣（获 2019 年中国野生动物保护协会生态主题影赛一等奖）

芳泽。

　　完成传宗接代使命的雄性蜉蝣幸福地飘落下来，个别没有找到伴侣的舞者仍在往上奋飞，但等到珍贵的"燃油"完全耗尽时，就摇晃着飘落下来，无奈地栽进河里，完成了水中生、水中死的宿命。月光把河水里的舞者罩上点点银色，缓缓地流

◎ "小红帽"是蜉蝣当中体形较小的种类，身材不大，颜值却很高（超微距镜头拍摄）

◎ 头部长得像蛋糕的假二翅蜉

向视线的尽头。受孕的雌性蜉蝣开始寻找产卵的地方，繁衍后代。产卵对雌性昆虫来说，无须谁来传授。流淌在昆虫体内的基因帮助它们"秀"出酷似奇珍异宝的卵。这些技艺精湛的艺术大师把自己的卵设计得千奇百怪、五花八门。雌性蜉蝣自然也不例外，它们来到河岸边，小心翼翼地把卵产在水里，这些卵比芝麻还小，只有用超微距镜头才可辨认，卵上长有很多细细的丝线，丝线的尖端有个吸盘，初到水里的卵，就是依靠这些吸盘，把自己牢牢地固定在水里的石头上，在流动的溪水里安身立命。产完卵的雌性蜉蝣最后一次轻微地抖动透明的翅膀，向自己匆匆的一生告别。真是"上穷碧落下黄泉，两处茫茫皆不见"啊！

◎ 到了傍晚，雄性蜉蝣率先飞向空中，吸引前来交尾的异性

◎ 完成传宗接代任务的蜉蝣飘落在水面上，完成了水中生、水中死的宿命

◎ 有的蜉蝣妈妈迫不及待地产卵了，
有的还待在草秆上等待产卵的时机

◎ 腹部带着卵囊的蜉蝣妈妈准备歇一会，保留点体力，然后就要到溪水边产卵了

◎ 雌性蜉蝣已经没有体力飞到河边产卵了，拖着卵死在了半路上

清晨，河边一片静谧。一只居心叵测的水狼蛛左顾右盼后消失在矮草丛中；水黾贴着河面一边滑行，一边寻找着落水的蜉蝣；蜻蜓的稚虫把自己藏在泥里，消化着昨夜的美食；蟹蛛躲在叶子后面，嘴里叼着离群的蜉蝣；菖蒲草上重新挂上了一串露珠。蜉蝣产下的卵散落在岸边的石头旁，清晰可见。阮籍在第 71 首《咏怀》诗中写了一系列短寿的生物在世间各自发出的声音和光色，其中就包括蜉蝣，他在诗的最后感叹说："生命几何时，慷慨各努力。"正因短暂，才需倍加珍惜——初起的阳光透过河水，抚摸、养育着这些精灵的后代，用不了多久，精灵会再次飘落凡间……

◎ 一个超大露珠悬挂在蜉蝣的小脑袋
上，把小草都坠弯了

◎ 这只蜉蝣兴奋地在菖蒲草上跳着
"钢管舞"，目的是吸引异性

花大姐——瓢虫的花花世界

　　"花大姐"是指体色鲜艳的瓢虫，因身上有红、黑、黄色的斑点，故而得名。

　　"花大姐"身材小巧玲珑，只有一粒黄豆那么大，是半球形的鞘翅目小甲虫。都说"女大十八变"，从卵到幼虫，从幼虫到成虫，它们的模样完全不同，是典型的完全变态类昆虫。"花大姐"在昆虫杀手的排名中垫底，论力量任何一个杀手都能把它置于死地，然而论危机时刻的应变能力和死到临头时的逃生妙招，它却远高出对手一筹。"花大姐"一生能吃掉上千只蚜虫，其美丽的身躯里深藏着一颗处变不惊的杀手心脏，演绎出一幕幕虫间险剧！

　　◎　"花大姐"选择在这谈恋爱可不算安全。果然，不多时它们就换了一个地方

◎ 在玉米地里找到伴侣的"花大姐"

情场上难得糊涂

"晴日暖风生麦气，绿荫幽草胜花时"，宋代诗人王安石的《初夏即事》把我们带进了这宜人的季节。掌握节气变化的"花大姐"自然也会利用这段时间繁衍后代。为了争夺交配权，雄性瓢虫往往会大打出手，它们相互掀翻、扭打、驱逐，以孔武之力博取芳心，每当出现这样的打斗场面时，"花大姐"并不为所动，只是在一旁冷眼观战。这时，一些瘦小的雄性瓢虫自知根本不是那些强壮情敌的对手，于是计上心来，埋伏在一侧，待情敌在战场上杀得筋疲力尽时，趁机和"花大姐"暗度陈仓。闪婚结束后，它们赶紧爬回隐蔽处，再回头张望，确保没有情敌过来骚扰它们的伴侣，才放心地悄悄离开。这样，"花大姐"就怀上了这些"狡猾"家伙的后代。而那些好斗的"勇士"还蒙在鼓里，战斗仍在继续……

"花大姐"在大庭广众之下秀起了恩爱

"花大姐"在洋铁叶草的夹缝中寻欢，一只躲在暗处的雄性瓢虫耐心地等待着机会

◎ "花大姐"家族中体形较大的奇变瓢虫

"花大姐"的择偶观看起来并不苛刻，只要能繁衍后代即可。其实不然，在力量与智慧的衡量中，它们往往更倾向于后者。这不是真糊涂，是装糊涂。在接下来的时间里，"花大姐"会一劳永逸地产下上百枚卵，并且集中在有蚜虫出没的地方。这些卵就如同定时炸弹，在蚜虫群里等待引爆。

值得注意的是，"花大姐"并没有考虑到周围蚜虫的数量与自己产的卵数量的比例，这埋下了日后骨肉相残的隐患。

◎ "花大姐"的近亲十星瓢萤叶甲也找到的自己的意中人

沙场上骨肉相残

夏日的阳光从茂密的树冠上透射下来，花草间满是粼粼的光斑。"花大姐"的卵也映照其中，不到一周的时间，卵就孵化出一批批贪婪的小杀手。它们的模样与父母区别很大，幼虫阶段还没有装备上厚实的盔甲，身体非常柔软，成节状分布，长着些坚硬的刚毛，这多少可以起到一些保护作用。它们刚学会爬就本能地搜捕猎物，这就是杀手的天性，它们的任务只有一个字——吃！它们有祖传的好胃口，喜欢吃蚜虫。一对宽大的镰刀形下颚可以帮助它们在食用蚜虫幼体时紧紧地抓住蚜虫，然后慢慢吮吸汁液。这些幼虫在蚜虫的身边肆无忌惮地狼吞虎咽，因为只有吃掉足够数量的蚜虫才能确保自己成功做蛹。但是，蚜虫的繁殖速度永远也赶不上幼虫吃的速度。经过一个多月的疯狂进食，幼虫很

◎ "花大姐"的近亲杨叶甲正在抓紧时间产卵　　　　　　　　◎ 年幼时期的"花大姐"

◎ "花大姐"的近亲杨叶甲把卵产在枯萎的花朵里，觉得这样做非常安全

快就把周围的蚜虫吃得所剩无几，食物已经不能保证供应了。年纪稍大一些的幼虫已是饥肠辘辘，它们没有其他选择，只能对自己年幼的同胞下手。这些天生的杀手开始了手足相残。断了供给的幼虫们每天都必须格外小心，稍有不慎，随时可能成为"兄弟姐妹"的盘中餐。

最后幸存的幼虫个个身强体健，很快就脱胎换骨，羽化成会飞的"花大姐"，开启了新一代杀手的传奇。

有了翅膀的"花大姐"如虎添翼，可以任意在空中盘旋，鸟瞰整个山林，一旦发现猎物，迅速发动攻击。麦蚜、棉蚜、槐蚜、桃蚜都是"花大姐"最喜欢吃的食物。只不过捕猎及用餐方法与幼虫期有所不同，蚜虫柔软的身躯被"花大姐"的铁齿钢牙一口叼住，反抗是徒劳的，蚜虫的复眼里记录下了死亡的全过程。"花大姐"并不吮吸蚜虫的汁液，而是不紧不慢地嚼碎蚜虫，最后就像猫舔盘子一样，是彻头彻尾的"光盘族"。可怜的

◎ 刚刚羽化成功的"花大姐"还不能飞行，需要几个小时的晾晒

◎ 刚换完龄的"花大姐"幼虫

139

蚜虫原本以为只要贪吃的幼虫做了蛹，生存就安全了，没想到羽化出来的"花大姐"才是更可怕的杀手。为了自己的族群得以残喘延续，它们在绝望中不得不发出求援的信号。

◎ "花大姐"的羽化过程

勇战"救兵"，以败告终

　　蚜虫先爬到枝头，再从自己腹部末端的尾毛里释放一种含糖量极高的液体，这些液体附着在枝头，与空气结合很快变成粉状，借助风的力量四外扩散，行进在草丛中的蚂蚁第一时间嗅到了蚜虫传递出来的信息素，这种甜甜的气味对蚂蚁来说是无法抗拒的。按照风向给出的精确导航，蚂蚁很快就来到了蚜虫的"濒危区"。初来乍到的蚂蚁试探性地用触角轻轻地碰碰蚜虫，蚜虫马上就心领神会地从腹部末端挤出一滴甜美的汁液，算是好处，供蚂蚁享用。得到好处的蚂蚁自然就担负起保护蚜虫的任务。原本是"花大姐"的美食宝地，转眼间被蚂蚁接管。为了生存，"花大姐"当然不甘示弱，一场领地争夺战一触即发。

　　一个处于攻势，另一个处于守势。蚂蚁的优势是阵地战，"花大姐"的优势是空中打击；

◎ "花大姐"不紧不慢地享受着自己的午餐

◎ "花大姐"与蚂蚁的领地争夺之战一触即发

◎ 对"花大姐"来说，食物太充足了，吃也吃不完啊

蚂蚁仗着蚁多势众，采用合围战术，"花大姐"势单力薄，选择迂回。经过几个回合的较量，虽然"花大姐"奋力拼杀，终因寡不敌众，蚂蚁逐渐占了上风。蚜虫有了蚂蚁的保护，族群数量才不至于骤减。

然而，请外援毕竟是一把双刃剑。蚂蚁在驱散了"花大姐"的同时，自己也背上了包袱，担心蚜虫会飞走，断了自己的"奶源"。于是蚂蚁在蚜虫活动的区域里分泌一种化学物质，这是蚂蚁家族赖以生存的"祖传秘方"，作用就是抑制蚜虫翅膀的生长。蚜虫以失去飞行自由为代价换来了短暂的安宁。因为，"花大姐"会随时杀个回马枪。

生命第一，逃生有术

世代饱经历练的"花大姐"在强手面前采取了避其锋芒、保命要紧的战术，如没有机会逃跑则就地装死，把能屈能伸的逃生术运用得炉火纯青。

一次，一只饥饿的金环胡蜂吹着哨，呼啸着飞入山林寻找食物，而此时的"花大姐"

◎ "花大姐"起飞的瞬间

◎ 躲在暗处偷情的"花大姐"

正陶醉地吃着蚜虫，全然没有注意到死亡的逼近，金环胡蜂发现了目标，马上空中悬停，以降低飞行时翅膀与空气摩擦产生的声音音量，同时刀出鞘，准备一击致命。千钧一发之际，"花大姐"意识到了危险，迅速抖动3对细足的关节，顷刻间分泌出大量刺鼻的红色液体，金环胡蜂因受不了这难闻的气味而放弃了捕猎，"花大姐"惊险地逃过一劫。

惊魂未定的"花大姐"气儿还没喘匀，山坡那边又飞来一只觅食儿的林鸟，落在不远的树杈上，东瞅瞅西瞧瞧，突然，小鸟眼前一亮，扑了过来。显然，"花大姐"暴露了行踪，躲避已经来不及了，只见它灵机一动，"手脚"一松，从草秆上掉落到地面上，躺下装死，无论如何扒拉，就是一动不动。因为很多肉食性动物只吃活食，这种欺骗很容易得手。

杀手与杀手之间的对决，不仅斗勇，更要斗智。"花大姐"总能在危险时刻虎口脱险，高智商帮了大忙。在充满杀戮的自然界里，能做到寿终正寝的微乎其微，这是一个不可回避的死亡轮回，"花大姐"自然也不例外。

面对"小鬼儿"无可奈何

暗处躲藏着一个奇怪的居民，一只比芝麻粒还小而且天生没有翅膀的怪物幽灵般地觊觎"花大姐"已经有一段时间了，经常在其出没的地方徘徊着、盘算着、等待着。诡异的怪物终于发现了"花大姐"的命门所在，酝酿出一个惊天的计划。

翌日清晨，早起的"花大姐"对着露珠梳妆，无意间发现翅膀上多了一个红点。没几天的工夫，又多了几个红点，两周左右后整个外翅就镶满了大小不一的红点。接着周身刺挠，疼痛难耐，病症开始发作。这是摊上大事了，它拼命地想把这些红点从翅膀上甩掉，于是横冲直撞地飞行，可是无论怎么折腾，红点都牢牢地"粘"在翅膀上，对于没有学过瑜伽的"花大姐"，6条细长腿就是摆设，够不到自己的翅膀，干着急，却无能为力。原来这个红点就是跟踪"花大姐"多日的那个怪物，江湖中盛传的夺命吸血鬼——绒螨。一旦中招，便无解药，绒螨用4对带钩的短足紧紧钩住"花大姐"的外翅膀。利用这"方寸之地"开始安家，一切准备工作就绪，才不慌不忙地用倒钩式口器慢慢吸杀手的血。绒螨造成的伤害是无法修复的，可怜的"花大姐"会在余下的岁月里日渐消瘦，直到油尽灯枯。

◎ 绒螨限制了"花大姐"的虫身自由

　　绒螨是靠"花大姐"在困顿之际放松了警惕，才神不知鬼不觉地蹦到了它的翅膀上，从而得手的。而另一个更加阴险的家伙叫茧蜂，也盯上了"花大姐"，茧蜂有着更加不可告人的秘密。它倚仗自己的独门秘籍，大白天就来登门拜访，而"花大姐"对陌生客到访带来的危险毫无察觉，危险一触即发，茧蜂找到了合适的部位，沉着地将产卵器插入了"花大姐"的腹部，迅速在里面产下一枚卵，之后转身扬长而去。对这一切，以敏锐著称的"花大姐"竟一无所知。原来茧蜂在产卵前先注射少量的麻醉剂，让"花大姐"瞬间产生幻觉。没过多久，茧蜂的卵孵化了，这个小幼虫长着尖利的口器，会从里面一点一点地吃掉"花大姐"，当然吃的时候会避开宿主的重要部位，只吃脂肪，成熟后钻出体外做茧。匪夷所思的是，这期间"花大姐"像是被"小鬼儿"缠住了一样，居然担当起保姆的角色，直到茧蜂羽化离去，"花大姐"方从魔怔中醒来，但此时已是回天乏术！

◎ 茧蜂的幼虫成熟后钻出"花大姐"的身体，准备做茧了，等待可怜的"花大姐"的只能是死亡

◎ 再小心谨慎的"花大姐"也难敌与自己实力悬殊的职业杀手螳螂

冒充者接踵而至

由于蚜虫危害各种农作物，而"花大姐"又是蚜虫的天敌，这在一定程度上减少了蚜虫对树木、瓜果以及各种农作物的侵害。"花大姐"每年吃掉大量蚜虫，被人类赞誉为"活农药"，口碑颇佳，受到庇护。于是，许多鞘翅目的昆虫接踵而至，冒充"花大姐"的亲戚，打着吃蚜虫的旗号骗吃骗喝。它们混入菜地、果园，一旦进来就会原形毕露，因为它们根本不吃蚜虫，是奔着香甜可口的农作物来的。

比较典型的是马铃薯瓢虫，它如果几天吃不到马铃薯的叶子，就不能正常地发育和繁殖，于是化妆成"花大姐"的模样，大摇大摆地进了土豆地，一住就是一辈子；还有十星瓢萤金花虫，它是葡萄园的常客，专门祸祸葡萄叶子；更令人称奇的是，昆虫的近亲黑丽蛛也模仿"花大姐"的样子外出打猎，这是为了安全考虑，因为真的"花大姐"会释放一种难闻的气味，让捕食者对其敬而远之。

在强敌如云的自然界，"花大姐"以能屈能伸的性格、以小搏大的智慧，在这花花世界里总能笑到最后，时至今日，依然只能被模仿，很难被超越。

◎ 溜进土豆地里的"花大姐"近亲马铃薯瓢虫

◎ 冒充"花大姐"的蜘蛛，在玉米地里寻找一个安全的栖息地

臭大姐——蝽的几大怪

◎ 借宿（获第三届全国昆虫摄影大赛三等奖）

◎ 刚刚孵化出来的蝽若，逆光下泛着红色的光影

◎ 宽盾蝽卵

"臭大姐"，学名为蝽，是半翅目的不完全变态类昆虫。其尾部有个臭腺的开口，遇到危险时会释放出难闻的气味，以逃避天敌的捕捉，这气味让它"臭名"远扬。如果你在乡间小路上或树林中行走，无意间侵犯了"臭大姐"的领地，它会对你不客气，在你的裤脚、衣襟甚至手指上留下难闻的气味，几日难消。由此，"臭大姐"的绰号便在虫界流传开来。

"臭大姐"的家族一直很兴旺，在我国安家落户的就有 500 余种，行踪遍布大江南北。根据我 20 多年的拍摄和观察，细心揣摩，发现了"臭大姐"独步江湖的一些绝学秘籍，它们在种群的进化中修炼出许多鲜为人知的功夫，凭着这些看似离奇的怪招，总能在天灾虫祸中化险为夷，笑到最后。

"臭大姐"究竟有哪几怪呢？听我一一道来。

带盖儿的怪卵

清晨的阳光在湿润的空气中绘出一道彩虹，"臭大姐"生命中最重要的时刻即将到来。

节气的更迭让"臭大姐"盼来了热恋的季节。它把此生积蓄的所有热情全部释放出来，回想自己当初怎样熬过严寒，真是不堪回首啊：原本想在树缝里猫冬，因为身上有难闻的怪味而被其他昆虫联手给撵了出来；无奈，只好躲进菜窖里，差一点儿就被人类踩死；好不容易盼到开春，觅食时却险些成了小鸟的食物；前脚刚换个地方躲藏，后脚自己的栖身地就来了一群溜达鸡，算是鬼使神差地躲过一劫；在田埂边歇个脚吧，春耕的拖拉机前后轮分别碾过，幸亏身边有个小石头挡着才幸免于难；误闯民宅后，善良的女主人为其打开了窗户……爱情终于在历尽磨难之后到来了，所以才显得弥足珍贵，也越发美妙。蝽与蝽，谱写着"春"的旋律。

当"臭大姐"集合之后，繁育后代就迫在眉睫了。"产房"不是问题，只要实用就行。草秆上、花骨朵的萼片上、叶子背面甚至果实周围都留下了它们产卵的印

◎ 个头矮小的锤胁跷蝽，也有属于自己的"春天"

◎ 宽盾蝽选择在与自己体色相近的叶子上交尾，这是为了躲避天敌的袭击

◎ 专门在豆子地里祸害庄稼的黑长缘蝽

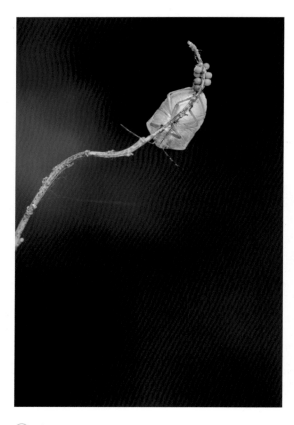

◎ 宽碧蝽选择一个枯树干，小心翼翼地产着卵

迹。蝽的卵形态各异，有球形的、圆形的、短桶形的，还有"烧卖"形的，有的卵壳表面光滑，有的卵壳上长有一圈软毛，有的卵壳上有不规则的斑点。但是无论哪一种，都不是随意而为的。这些卵都有一个共性，就是每一枚卵的上方都有一个类似窨井盖的圆形卵盖儿，与卵对接得天衣无缝，故称怪卵。那么，这个卵盖儿会起到什么作用呢？原来，卵盖儿起到加固的作用，增强卵壳的强度，避免意外破损，保证蝽若虫能正常孵化出来，这是"臭大姐"家族别出心裁的设计。据科学家推测，这些卵盖能抵挡住冰雹的袭击。就连下手极狠的寄生蜂见到这些带盖儿的怪卵都会三

◎ 猎蝽在草秆上
产的卵

◎ 粗心的蝽妈妈
把卵产在了樱桃上

◎ 正面看猎蝽的卵，
形状有点像烧麦

◎ 白鲜（俗称八股牛）的果实上居然有几颗蝽卵

◎ 粉色的蝽卵并不多见，这是斑须蝽妈妈的杰作

◎ 金绿宽盾蝽的卵快要孵化了

◎ 这个类似三角形的红色卵是钝肩普缘蝽妈妈产的

◎ 小茧蜂成熟后嗑开卵盖儿，稍作停留便会飞走，但也有部分体弱的个体嗑不开卵盖儿憋死在蝽卵里

◎ 花骨朵儿的萼片上也是蝽妈妈喜欢产卵的地方

◎ 赤条蝽在蛇床子的花瓣上交尾

思而后行，在寄生之前要进行谨慎的评估。人家蝽若虫孵化的时候，"臭大姐"事先给每位备下了"药水"，可以顺利地溶开卵盖儿，而寄生蜂的后代成熟后要想出来却打不开卵盖儿，只能用尚不坚硬的牙一点一点磕开，有些发育欠佳的后代会因体力不支而憋死在蝽卵里，此时，卵盖儿就起到了阻碍的作用。

◎ 赤条蝽的卵由初始状态到裂变到最后完成孵化的全过程

◎ 角盾蝽妈妈在绣
线菊的叶子背面警惕
地护着自己的宝宝

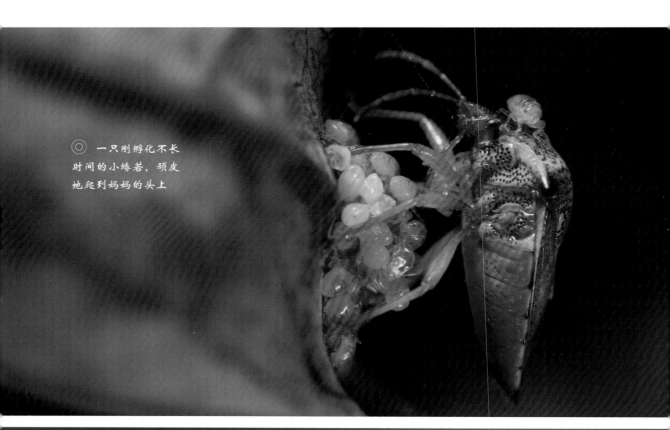

◎ 一只刚孵化不长
时间的小蝽若，顽皮
地爬到妈妈的头上

◎ 角盾蝽妈妈正在孵化身下的卵

大多数的蝽卵会平安无事，蝽若虫们能正常地孵化出来。但是，得到自由的蝽若虫并不急着离开，而是围在卵壳的周围，或趴在卵盖上集体取暖，直到完成第一次蜕皮后，才各奔东西去寻找食物，卵盖儿又起到了隔凉的作用。

可见，神奇的卵盖儿是让"臭大姐"家族虫丁兴旺的传家宝啊。

护子的怪癖

在昆虫界一般来说雌性昆虫产完卵后会选择离开，它们不但缺席自己宝宝出生的瞬间，更谈不上照顾自己的后代长大了。因为对大多数雌性昆虫而言，产完卵后，生命就走到了尽头，它们无缘看到自己的下一代，更别说抚育了，但角盾蝽却是个另类。

角盾蝽是一种看上去十分羸弱，行动非常谨慎，还颇有些个性的昆虫。它在"臭大姐"的家族中不显山不露水，但在延续香火上却有自己的独到之处。为了确保自己这一支的成活率，居然模仿母鸡抱窝的样子，来守护自己的后代，不辞辛苦、不离不弃。7月，烈日炎炎，角盾蝽完成了夏恋后，便到了产卵的时间。它先是寻一处避暑的地方，再找一片能容身的叶子，然后观察周围的动静，当确定非常安全后，

◎ 角盾蝽妈妈看护着自己的卵，盼着早日孵化

◎ 角盾蝽妈妈像老母鸡抱窝那样守护着自己的后代

157

才小心翼翼地在这片叶子背面产下十几枚心爱的卵，既隐蔽又避阳。产完卵后，角盾蝽并没有像其他雌性昆虫那样一走了事，而是一直趴在卵壳上面守护，期间如果遇到寄生蜂或其他昆虫的骚扰，它会拼命地驱赶，然后又重新回到原地，一动不动地看护着自己的卵。大约一周之后，受到呵护的蝽若虫幸福地孵化出来，完成了护卵任务的角盾蝽还是放心不下，一会挪挪这个，一会碰碰那个，就怕自己的宝宝从叶子上掉下去，直到蝽若虫身体变结实了，陆续离开了角盾蝽，它还恋恋不舍地在这些空卵壳上转圈，真是护子成癖了，你说不怪吗？

"白头老母遮门啼，挽断衫袖留不止"，在母爱方面，角盾蝽堪称雌虫中的翘楚。

叼"烟袋"的怪招

在"臭大姐"家族中还有一位长相怪异而且好战的成员，那就是猎蝽。它有扁扁的身体、不成比例的小脑袋、象鼻一样的喙，如果对手忽视了它，那就只好后果自负了。因为猎蝽是工于心计的杀手，它捕猎的时候非常隐秘，悄无声息地跟在猎物后面，精准地控制

环斑猛猎蝽始终藏在"烟袋"的后面，警惕性极高

每一个动作。它凸出的复眼能捕捉到最轻微的移动，一对钳状的前足就像爬山用的抓钩一般，可在攀爬时使用。它身手敏捷，轻功了得，经常是来无影去无踪。

一次，饥饿的环斑猛猎蝽在草丛中寻找猎物，无意间发现一只落单的叩甲，便鬼鬼祟祟地靠了上去，出其不意，没等叩甲反应过来，就一剑刺中其"七寸"。但是，得手后的斑环猛猎蝽并没有马上进食，它习惯性地一面用剑挑着叩甲，一面观察着四下的动静。远看，这家伙真像是叼着"烟袋"。这并非曝尸示众，安全永远是第一位的。在自然界，杀戮无时无刻不在上演，每一步都必须格外小心。因为，如果不慎踏出错误的一步，可能都没有机会转身逃跑。所以，环斑猛猎蝽把自己藏在"烟袋"的后面，一旦发现险情，马上丢下"烟袋"，借机逃生。还有一种情况，就是逃跑已经来不及了，它会直接拿"烟袋"当盾牌，再寻找逃跑的机会。当环斑猛猎蝽感觉到彻底安全的时候，才开始慢慢地食用叩甲，惬意地享受一顿美餐。

◎ 益蝽叼着"烟袋"把自己藏在后面，时刻观察着敌情

◎ 小小的蝽若虫叼起比自己大好几倍的"烟袋"

◎ 远看这家伙像叼个巨型"烟袋"　　◎ 两个蝽若虫争抢着要　　◎ 恋爱中的"臭大姐"也不忘叼着
　　　　　　　　　　　　　　　　　　　叼这个"烟袋"　　　　　"烟袋"，这都是为了安全

　　叼"烟袋"看似一个简单的怪招，却是猎蝽生存的谋略之一。唯有处处小心，方能保存自身，这就是自然界给出的最朴素的，也是最有效的法则。

"毒气"般的怪味

　　"臭大姐"有的食素，有的食肉。但是不管吃素吃荤，在危难时刻都会释放出难闻的"毒气"般的怪味，这种怪味连它们自己都不愿意闻。只要警报解除，它们都会在第一时间逃离这个怪味不散的区域。

　　斑须蝽个头不算小，它在"臭大姐"家族中可不是一个省油的灯：身手不凡，极其好动，而且性情急躁，这样的性格有时会让它陷入麻烦。

　　一天，一只斑须蝽吃饱了，在草中闲逛，它并没有意识到危险近在眼前。草丛周围有一小片沙土地，上面有许多锥形小沙坑。别小看这些不起眼的沙坑，这都是蚁狮精心设计的陷阱。蚁狮是蚁蛉的幼虫，它们孵化后就各自分开，并各自为战，先挖一个漏斗形的小沙坑，再把自己藏在沙坑下面，然后就耐心等待天上掉"馅饼"了，一些警惕性不高的昆虫往往会落入这个隐蔽得很巧妙的"陷阱"。蚁狮的个头不大，还不及斑须蝽的1/50，但是却异常凶猛，不畏强敌。斑须蝽需要穿过这片沙土地才能到达另一片草丛，本来可以选择飞行，但是现在吃得太撑了，飞不起来，只能步行。于是，两位不同量级

◎ 正在建筑漏斗形沙坑的蚁狮　　　　　　◎ 沙子下面的蚁狮紧紧咬住身形庞大的斑须蝽，就是不撒口

　　的斗士在暮色中相遇了。在昆虫界的战场上从来没有安慰奖，鲁莽进攻就要承担巨大的风险，攻不到位，下一秒就可能会惨死沙场。斑须蝽身形庞大，虽然重拳出击，却难免笨拙，这样的厮杀没有绝对的输赢，唯有竭尽全力，才能笑到最后。扭打中，斑须蝽的一条后足被蚁狮牢牢咬住。在狭窄的沙坑中，斑须蝽无法使用自己的兵器，只能拼命往上爬，想挣脱蚁狮为它准备的坟墓，蚁狮则拼命往下拽，并不停地往上面扬沙子。战斗出现了僵局，缓过神儿的斑须蝽突然亮出了撒手锏，从尾部释放出大量的怪味，刹那间，这难闻的怪味似"毒气"一般弥漫整个沙坑，蚁狮被熏得喘不过气来，只好放弃这个本来有可能战胜的对手，迅速钻入沙子里，把自己埋起来，耐心等待下一个倒霉鬼。而斑须蝽也早已吓得失魂落魄，连滚带爬一瘸一拐地逃走了。这似"毒气"的怪味帮助它躲过致命一劫。

　　　"臭大姐"家族各种各样的生存怪招，让人不禁感叹自然界生灵们的奇思妙想。招法多样，目的唯一：繁衍自己的后代，做最后的赢家。事物往往都具有两面性，"臭大姐"

◎ 黑长缘蝽若虫躲在隐秘的地方，在悄悄地蜕皮

◎ 猎蝽若虫们终于等到了孵化的时刻，它们溶开卵盖，陆续破壳而出

◎ 全部孵化出来的蝽虫若围着卵壳集体取暖

◎ 缘蝽妈妈是个产卵高手，数一数足足有70枚

的怪味固然让它们臭名远扬，不那么招人喜欢，但是，"祸兮福所倚，福兮祸所伏"，这释放"毒气"的怪招也在"臭大姐"种族延续的进程中发挥了无可替代的重要作用，让它们成了独步江湖、骁勇善战的"大姐大"！

◎ 产完卵的蝽妈妈恋恋不舍地与自己的后代告别

◎ 梧桐叶子下面，一只蝽妈妈神不知鬼不觉地产下一小片蝽卵

◎ 蜕一次皮，就意味着又长大一龄

163

山林里的歌手——蝉

　　每年的夏天，在田野上和山林间总能听到这种悦耳动听的歌声："呜——哇、呜——哇；知——了、知——了……"时而静默片刻，时而又连成一片。"蝉噪林逾静，鸟鸣山更幽"。山里的人们总是一边干着农活一边欣赏着昆虫委婉动听的旋律和错落有致的和声，古往今来，构成了一道幽静恬淡的田园风景！唱出这种优美歌声的昆虫就是蝉，俗称知了，被誉为山林里的歌手。

◎ 阳光下呜呜蝉悠闲地吸吮着树干的汁液

歌手的档案

俗称"知了"的蝉，原是上个冰河期存活下来的远古昆虫之一。古老的身世让人对其产生了敬畏与好奇。多少年来，人类与蝉都保持着良好的互惠关系。我们的果园和山林给蝉提供了栖息地，它们在这里不知疲倦地唱着原生态的恋歌。而蝉蜕下来的空壳则成为人们的治病药材，常用于治疗外感风热、咳嗽音哑、咽喉肿痛等。像金蝉脱壳、薄如蝉翼、仗马寒蝉、蛙鸣蝉噪，都是与"山林歌手"密切相关的成语。

蝉（同翅目）属于不完全变态动物，一生要经历卵、若虫、成虫 3 个不同的发展阶段。蝉的成虫寿命大约为两个多月，雄蝉完成交尾后会相继死去，受精后的雌蝉承担最后的产卵工作。为了使自己产的卵最大限度地存活，它们往往选择在枯萎的干树杈上产卵。枯萎的干树杈很容易被秋风吹落，从卵里孵化出来的若虫也随之落到了地面上，自行掘洞并钻入土中栖身。在土中，它们把针一样的吸管刺入树根，靠吸食树根的汁液生存。蝉的若虫期比成虫期要漫长很多，一般要经历 4 次蜕皮，才能最终羽化为成虫。这个成熟的过程需要 1 年到 5 年的时间，最长的要属美国的十七年蝉，它要经过 17 年的若虫期才能重见天日，可以想象它们的歌声有多珍贵。据说，蝉的这种奇特的生活方式是为了避免天敌的侵害，

◎ 蝉与周围的环境融为一体，不仔细辨认还真看不出来

◎ 呜呜蝉躲在隐蔽处交尾

◎ 螁蛄的蝉蜕，身上沾满了泥土。这些泥土也很重要，当它爬到树干上时起到了形成保护色的作用

◎ 刚刚爬到树上的秋蝉若虫，它静止不动，准备羽化了

蟪蛄选择在与自己颜色相近的树上交尾，令天敌们很难发现

同时安全延续种群而演化出来的。

　　蝉的成虫与若虫一样，也是依靠吸食树的汁液为生的，只是相对于若虫有更广泛的选择，梨树、苹果树、杏树、桃树、柳树、杨树、桑树、榆树都是它们的最爱。蝉不但有两个单眼，中间还长有 3 个不太敏感的眼点，其两翼上分布着起支撑作用的细管，这些都是古老昆虫种群的原始特征。雄蝉腹部有鼓膜，振动鼓膜时能发出响亮的声音。雌蝉腹部没有鼓膜，是不会发声的，也就是说，我们听到的歌声都来自于"男生"。蝉还有趋光的特性，太阳落山后它们就静伏于树上。蝉休息的时候，翅膀总是覆盖在背上，很少自由自在地飞翔，只有在受到干扰的时候，才从一棵树上飞到另一棵树上，也不过几米的航程。有趣的是，蝉的鸣叫还能起到预报天气的作用。如果蝉很早就在树端高声歌唱，这就告诉人们"今天是个闷热的天气"；如果早上连鸡都打鸣了，蝉还是没有出声，这就说明"今天是个阴雨天"，这也算是"山林歌手"的又一贡献吧。

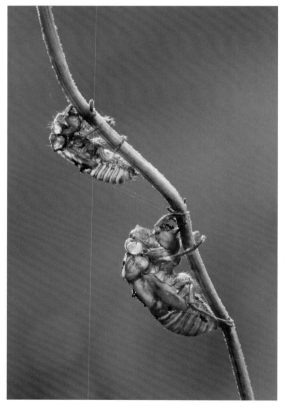

◎ 在一根草秆上发现两种蝉蜕还真是不容易，上面的为寒蝉的，下面的是鸣鸣蝉的。个头相差很大

伏派歌手鸣鸣蝉

目前世界上已知的蝉有近 2 000 种，我国有很多种，其中比较常见的有鸣鸣蝉、寒蝉、蚱蝉、斑蝉、薄翅蝉、草蝉、蟪蛄等。在大自然中比较有代表性的"歌手"有鸣鸣蝉、寒蝉和蟪蛄。

鸣鸣蝉在蝉科里算是个头最大的，因其嗓门粗，又名"老哇哇"，其个性孤僻，在

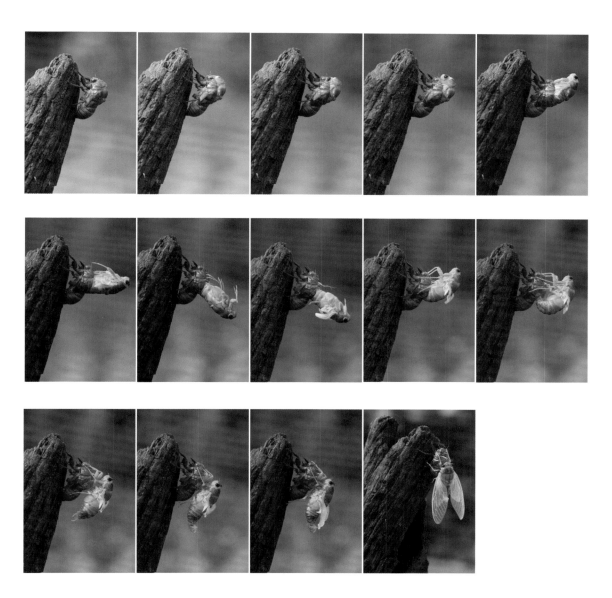

◎ 鸣鸣蝉羽化全过程

城市周边很难见到，大多分布在山区。由于鸣鸣蝉选择在伏天羽化，山里的人们又称其为"伏蝉"，当然就是伏派歌手了。

入伏之后的天气总是变幻莫测，时而阴云密布，时而电闪雷鸣，时而阳光直射，时而大雨倾盆。正是这变化无常的天气惊醒了地下的蝉若虫并引起它们的阵阵骚动。

一场山雨让山坡上的泥土像喝醉了似的，原本结实的身体显得松软起来。各种植物相互依偎着，因为它们知道，这个时候哪怕刮一点轻风都会把它们连根拔起。这个时候对蝉来说却是羽化的绝好时机，蝉若虫们算准了时间，耐心地等待着日落。

◎ 胸部裂开一道缝，鸣鸣蝉就
要羽化了

◎ 金蝉脱壳也不是那么容易
的，这个若虫费了九牛二虎之力
才露出头部

◎ 鸣鸣蝉的若虫迫不及待地爬
到了同类刚蜕下的壳身上，把半
后开始羽化了

夜幕降临了，蝉的若虫开始行动了，它们用长有锯齿的钩状前足轻松地挖出一个圆形洞口，然后从地里拱了出来，如果洞口的地势高，它们就蜷缩6足顺势滚到低洼处，一动不动，先对身边的地貌做出判断，然后才缓慢地爬行，爬到近处的树枝上、草秆上或能支撑住自己身体的树叶上，把自己挂牢后就静止不动，等待羽化了。大约15分钟后，蝉若虫的胸部出现一道裂缝，羽化开始了。蝉的羽化是由一种激素控制的，蝉慢慢地自行挣脱外壳，就像从一副铠甲中爬出来，整个过程需要一个多小时。当蝉的上半身获得自由以后，它又倒挂着让自己的双翼展开。在这个阶段，蝉的翅膀很软，如果在这个时候受到干扰，这只蝉就终生残疾了。蝉完成了这关键的一步后，便用尽所有的力气让自己倒挂的身体翻上来，尾部顺势从壳中抽出，羽化宣布结束。余下的时间就是让自己的身体变得更坚硬，身体的颜色也由黄白色向暗绿色转变。蝉之所以会选择在夜间羽化，是因为白天的气温太高，会使它的翅膀干的过快而导致破裂。

◎ 鸣鸣蝉成虫刚从壳里爬出来，翅膀还没有完全打开

◎ 到了羽化的季节，蝉的若虫们争相爬出地面，它们要变成成虫来度过这迷人的夏天

天还没亮，鸣鸣蝉就抢在鸡打鸣之前开始唱歌了，用歌声告诉山里的人们伏天已经来了。

◎ 羽化后的鸣鸣蝉

◎ 微风吹起刚刚羽化的蝉的还很柔软的翅膀

◎ 夜间鸣鸣蝉羽化成功,
耐心等待天明

◎ 在雨中坚持完成羽
化的鸣鸣蝉

秋派歌手的吟唱

　　寒蝉个头比呜呜蝉小很多，但音量很高。它行动灵活，善爬高鸣叫，立秋后出来羽化，所以又称秋蝉。

◎ 寒蝉（秋蝉）羽化全过程

◎ 螳蛉的蝉蜕

◎ 寒蝉的蝉蜕

秋后的三伏天，蝉的歌声能给人带来惬意、宁静和凉爽。一场秋雨过后，在树根周围的地面上会出现很多圆形的洞穴，这就是蝉的若虫爬出来的地方。它们趁着太阳还没有出来的时候就已经悄悄地爬出来羽化了。个别急性子的雨刚停下就迫不及待地爬出地表了。秋天的天气是早晚凉爽，所以人们经常看到清晨羽化的蝉就不足为怪了。这也给喜欢生态摄影的朋友提供了绝佳的观察和拍摄时机。

◎ 秋蝉钻出地面羽化后留下的洞穴

◎ 鸣鸣蝉落在黄檗树上脸对脸"谈情说爱"

◎ 秋蝉借着树枝的掩护成功地完成羽化，新的生命开始绽放

177

　　秋蝉完成羽化后，在树干上稍做停留就陆续爬向树的顶端，与茂盛的叶子融为一体。这不仅保证了安全，还产生一种"只闻其声，不见其蝉"的神秘效果。初唐诗人虞世南的"居高声自远，非是藉秋风"说的就是蝉声传播得远是因为蝉站得高，而不是借助了秋天的风力。随着节气的更迭，鸣鸣蝉完成了自己的使命，逐渐退出"歌坛"，秋蝉才刚刚登场，"知——了、知——了……"替代了"鸣——哇、鸣——哇……"，悦耳的歌声再次响遍整个山林。

　　◎　秋蝉完成羽化后，待自己的身体呈老熟状态后就会爬向树的顶端，这个镜头是在它爬之前拍下的

到了9月中旬，过了白露节气，秋派的另一类歌手悄悄地从地里拱出来，一夜间占满整个山林。这就是江湖中盛传的歌手——蟋蟀。"吱——吱、吱——吱……"替换了"知——了、知——了……"。

如果你认真品听蝉的歌声，就会领略到歌声里有3种不同的旋律交织在一起。第一种是求偶时发出的舒缓、有节奏的鸣唱。蝉的成虫一般寿命都不是很长，为了完成繁衍后代的任务，雄蝉们必须抓紧时间不停地鸣叫以吸引异性。只有得到异性的青睐，雄蝉才能与其完成交尾。第二种是受到惊吓飞走时粗厉的鸣声。蝉能一边吸吮汁液，一边鸣叫，吃东西和唱歌两不耽误，但是在这期间一旦受到干扰，它们马上就改变声调，同时飞到另一棵树上，待危险解除后再开一口"泉眼"并继续鸣叫。第三种是被捕食者捉住时发出的急促尖鸣声，以悲鸣来求救。当蝉沉醉于求偶的时候往往会忽略周围的敌情，所以

◎ 鸣鸣蝉用针一样的吸管刺入树皮，在炎炎的夏日里为自己开一口"泉眼"

一旦出现尖鸣声就可判断树上有一只蝉落入了天敌之口，也就意味着一位歌手的消失。

歌手的天敌

蝉贵为歌手，非但没有"保镖"，连个像样的防卫武器都没有，面对天敌的进攻毫无还击之力，只能靠机敏和躲藏保存生命。除了鸟类，蜘蛛、螳螂、猎蝽、食虫虻等都是蝉的顶级克星。小小的寄生螨虫对蝉也是觊觎已久，只要机会成熟就会悄悄地爬到蝉的身上寄生，蝉竟然毫无察觉。很多时候就连蝉的正常排尿都得小心翼翼地进行，一旦暴露目标马上就会惹来蜂群、蚁群的围剿。这是因为，蝉吸食的树的汁液里不但有它需要的蛋白质，还有它不需要的糖分，而多余的糖分必须排掉。糖分可是蜂和蚁的最爱，蝉为了确保排尿时不招惹麻烦，就采用喷射的方式，使排出的糖滴远离树干，这样蜂群和蚁群就找不到糖源。蝉要想活命还真不是那么容易，稍有不慎就会成为捕食者的美餐。

◎ 大意的鸣鸣蝉成了金环胡蜂的盘中餐

◎ 螳螂在品尝着自己的"战利品"，山林里又少了一位歌手

◎ 不知道什么原因，这只鸣鸣蝉就是脱不下这薄薄的外衣，等待它的将是死亡

◎ 雌性鸣鸣蝉在枯萎的干树杈上认真地产下自己的卵

◎ 坚持鸣唱到深秋的歌手（螽蟖），最后被一场霜结束了生命

另外，由于靠吸食树枝的汁液来维持生命，蝉的数量如果太多，就会直接影响树木的存活，对山林不利。多少年来，蝉的天敌们一直控制着蝉的数量，不由得让人感叹大自然的神奇与奥妙。

到了深秋，大自然的精灵们依依不舍地先后谢幕了，"山林歌手"也不例外。植物的枯萎凋零让昔日躲藏在暗处羽化的蝉的蝉蜕暴露出来，让人感叹它们当初羽化的神奇；此时的山林间会偶尔传出秋蝉稀疏、沙哑的歌声，这已是秋日里的绝唱。

◎ 逆光下的蝉蜕（鸣鸣蝉）

『蜂』言『蜂』语说蜂群

近些年，有关蜂子蜇死人的报道屡见不鲜，在这些报道中，甚至用上了"杀人"这样的字眼，以描述其凶狠，可谓"蜂"声鹤唳，谈"蜂"色变。

我常年游走于山林之间，寻找那些在都市里难得一见的昆虫，把它们美丽的身影拍摄下来，这样免不了跟各类蜂群打交道。十几年下来，与"蜂烟蜂雨"亲密接触，使我对蜂群的内幕有了进一步的了解，读懂了一些"蜂"言"蜂"语。下面，用我捕捉到的画面，或许能揭开"杀人蜂"神秘的面纱。

◎ 突如其来的一场霜让金环胡蜂不知所措，成了最后的恋露者

致命的防卫武器

胡蜂是黄蜂的一种，是膜翅目细腰亚目中胡蜂总科昆虫的统称（属完全变态动物，分卵、幼虫、蛹、成虫4个阶段），世界上已知的有5 000多种，我国有200余种。经过长期的演化，为了生存，蜂类都有自己的防卫武器，那就是毒针，毒液成分则因蜂而异。

◎ 异腹胡蜂的蜂巢酷似牛的舌头，所以当地山民称它们为牛舌头蜂。图中的蜂巢最少有半米长

◎ 3个巡逻蜂在洞口前负责警戒，任何的风吹草动都能引起它们的警觉

◎ 这是搭建在松树上的蜂巢，具有极强的隐蔽性

◎ 我的镜头引起了黄脚虎头蜂的警觉

能攻击、蜇伤人的蜂大体分为两类。一类是一次性蜇刺。刺后毒针留在人的表皮内，比较有代表性的是角马蜂，俗称草蜂子。由于它的毒针有个倒钩，蜇人后不能拔出，只能使用一次。毒针一旦离开蜂子的身体，就意味着它自己生命的结束，因为如果强行拔出，腹部里的内脏会跟着被一起拔出，没有了内脏的蜂子不久就会死去。可见，不是万不得已，蜂子是不会出毒针伤人的。角马蜂的毒液为酸性，除非是过敏体质的人，它一般不会轻易地蜇死人。如果被它蜇刺，应就地取材，挖些蚂蚁菜（碱性），用手搓碎，取出毒针，涂抹在患处，若处理及时则并无大碍，但疼痛之苦就在所难免了。

◎ 春天来了，成功越冬的雌性角马蜂开始建造自己的蜂巢

◎ 清晨角马蜂静静地伏在蜂巢上，耐心地等待阳光的到来

　　另一类则是反复蜇刺。它们刺后将毒液注入人的皮肤内，由于毒针没有倒钩，可以反复使用，比如金环胡蜂、黑盾胡蜂等。此类蜂的毒液为碱性，毒素分为溶血毒和神经毒两种，可引起人肝、肾等脏器功能的衰竭，特别是蜇到人的血管上人就会有生命危险，所以被人们称为"杀人蜂"。

　　这种携带致命武器的蜂子大多是胡蜂科的成员。胡蜂属于肉食性昆虫，主要捕食蝇类、虻类及各种蝶、蛾的幼虫，食物短缺的时候也会捕杀蜜蜂。除此之外，胡蜂还喜欢吃甜食，蜂巢附近的果园也是它们经常光顾的地方。

◎ 利用树洞做蜂巢的胡蜂

◎ 金环胡蜂在蜂巢附近的果树园里熟练地啃着刚刚成熟的山梨

◎ 雨后，一场大风把金环胡蜂的蜂巢从树枝上吹下来，破碎的蜂巢散落一地。但是金环胡蜂们仍然不离不弃，一直守护在幼蜂的周围

◎ 入秋后，每天早上异腹胡蜂们都这样抱团取暖

◎ 这张图片涵盖了胡蜂完全变态的4个时期，即卵、幼虫、蛹、成虫

　　胡蜂群居于蜂巢中，分工明确：蜂后专门负责产卵，工蜂负责哺育幼虫、清理维护巢穴、防御外敌入侵等。一个蜂巢一般有2到3名工蜂负责巡逻，工蜂全部是雌蜂，"杀人"的任务全部由"她们"来完成，因为，毒针是由蜂子腹部末端的产卵器异化而成的，上连毒囊，分泌毒液，毒力超强。雄蜂由于没有这种功能，所以不会蜇人。雄蜂主要负责和当年最后出生的一代雌蜂交尾，完成交尾任务后雄蜂会渐渐死去。过了10月份，天气转凉，受精后的雌蜂陆续离巢，它们选择隐蔽在树叶下、石砬子缝中、枯树杈上或背风的洞穴中抱团越冬。由于胡蜂不耐寒，能活到来年的也就万分之三左右，胡蜂的生存方式就是以最大的繁殖数量来保证一定的生存空间。

蜂之初，性本善

　　这些杀人蜂是不是生来就具有杀人的本性呢？其实不然，每年当春天如约而至的时候，幸运地存活下来的雌蜂便开始建筑自己的巢穴。为节省体力资源，它们因地制宜，有的把蜂巢建在岩石缝里、树枝上、草丛中，还有的在地下掘洞筑巢。值得注意的是，筑巢后的雌蜂就正式升级为蜂后了。

　　建巢初期，一切都刚刚开始，胡蜂还是相对温柔的，甚至有些委曲求全，经常采取惹不起就躲的战术，如果你无意间碰到了它的蜂巢，它会选择躲避或者干脆弃巢搬家。因为，这时看家护院的工蜂还没有羽化成蜂。蜂后的首要任务就是筑巢产卵，不会轻易地去涉险进攻。胡蜂的蜂巢建得姿态迥异，办个春季房展会都绰绰有余。金环胡蜂的蜂巢为球形，异腹胡蜂的蜂巢为细长型，由于其形状酷似牛的舌头，因此异腹胡蜂也叫牛舌头蜂。有的胡蜂巢穴外形像一个倒挂的葫芦，所以又名葫芦头蜂。还有在地下掘洞筑巢的双金环虎头蜂，由于这种蜂隐蔽性极强，山里的老百姓称它为地雷蜂，这些都不是好惹的主。在胡蜂科里，金环胡蜂的个头是最大的，毒性也最强。

　　随着季节变暖，蜂巢日渐丰满。工蜂也成批羽化出来，而且数量越来越多。除了几只巡逻蜂看家护院，其余工蜂都外出觅食。它们抓住猎物后，先将其咬碎，再拧成肉团，带到自己的巢穴里喂养幼虫。如果下雨就暂避巢内，雨停后继续外出觅食。胡蜂的飞行速度极快，而且翅膀的"嗡嗡"振动声也非常大，往往是未见其蜂，先闻其声。胡蜂的活动范围也很广，能在几百米的范围内顺利返巢。这时的胡蜂已是兵强马壮，今非昔比了。

◎ 土蜂的蜂巢，最深的巢穴有半米深

◎ 土蜂小心翼翼地从地下钻出来，目前它们的主要任务是把地下的残土运出去

"蜂"狂时刻

到了秋天，农作物开始陆续收割，山林里的各种草药、板栗、山核桃也到了采摘的季节。这个季节也是胡蜂传宗接代的关键时刻。此时的雄蜂们都红着眼睛等待最后一代雌蜂降生，然后与其交尾，来繁衍后代。所以，这最后一代雌蜂能否顺利羽化就关系到这个巢穴的蜂群是否能够成功地得以延续。在这紧要关头，巡逻蜂不仅加强了警戒，扩大了巡逻领地，而且性情也变得凶狠起来。只要有个风吹草动，它们都会如临大敌。这个时候你在它的巢穴附近采蘑菇、拾野核桃、寻山草药，就很容易引起蜂群的警惕。如果你再敢靠近一步，侵犯了它的"核心利益"，它就会攻击你，没商量。有的时候你行走时的脚步声与地面产生的轻微震动也会引起在地下筑巢的胡蜂群的骚动与不安。这时的胡蜂已是名副其实的杀手了。如果你对它的警告置若罔闻，巡逻蜂就会释放生化信息素，用来引导蜂群发动凶猛的进攻。遇到这种"蜂"狂时刻，一般来说就凶多吉少了。

◎ 受到惊吓的异腹胡蜂四散逃离

◎ 在屋檐下做蜂巢的金环胡蜂

◎ "牛舌头"能续到一米左右
长，这种情况还是不多见的

逃生的窍门

如果遇到胡蜂群的攻击并被蜇伤，首先要保持冷静清醒。最有效的自救方法就是快步离开它的势力范围，猫腰顺风往山坡下跑，因为逆风会让自己的气味始终留在后面，给蜂群追击带来方便。逃跑时，还可以声东击西：边跑边脱掉外衣，先高举过头顶挥舞，吸引蜂群，然后将外衣往相反方向抛出，引诱蜂群离开，这样做虽然能暂时阻绝信息素气味（被蜇后信息素气味就留在人体表面，蜂群闻味而来），但是并不能百分之百地保障生命安全。

◎ 葫芦头蜂认真修复自己的蜂巢，然后就会在里面繁育后代了

◎ 听说这种胡蜂泡的酒治疗风湿有特效，所以蜂群逐年递减。在山里已经很多年看不到它们的踪迹了

◎ 双金环虎头蜂在地下掘洞筑巢，越隐秘越安全。不仔细看很难找到洞口

那么，怎么做才能避险或更安全些呢？多年的细致观察和亲身经历让我找到了安全脱险的最佳办法——装死。所有的野生动物都对运动中的物体有识别能力，胡蜂自然也不例外。一旦触及蜂巢，最佳的解决方案是：当蜂子还没有亮出毒针的时候，就地蹲下装死，身体一动不动，双眼紧闭，呼吸保持均匀，任凭蜂子在你身上爬来爬去。如果你伪装得成功，它们会误以为你就是一截树桩。几分钟后，巡逻蜂会陆续离开你的身体，其他蜂子也随之散开。这个时候一定要沉住气，别慌张，要等所有的蜂子都远离你的时候，再猫腰慢慢撤离这危险之地。

为了能够拍到一张难得的照片，我经

◎ 金环胡蜂把蜂巢安在了悬崖峭壁上，有篮球大小

◎ 在地面上筑巢的黑盾胡蜂，凶猛可怕

常跟这些"疯"子们零距离接触，总能化险为夷、全身而退，凭的就是这个装死的功夫。

最后，再说几句题外话，由于胡蜂在很多人心中是一种攻击人的凶猛昆虫，所以见到蜂巢就想方设法将其捣毁，甚至不惜动用消防、公安等部门的专业人士。这其实是一

◎ 金环胡蜂肆无忌惮地破坏其他蜂巢，用坚硬的牙齿咬开封口，把里面的尚未成熟的幼虫一个一个地吃掉

◎ 在飞行中，金环胡蜂发现了目标

种片面认识，因为维护生态平衡是人类生存发展所必需的，胡蜂作为生态链的一环，起着它自身的作用。在自然界，胡蜂还可以抑制很多种植物害虫。人们只要进一步地了解它的习性，掌握它的"蜂"言"蜂"语，就会避免不必要的伤害。

◎ 地雷蜂蜂巢外部特写

◎ 胡蜂捕捉到猎物后，将其咬碎，做成肉团，再飞回自己的蜂巢喂养幼虫

197

◎ 入冬前与冬天过后蜂巢的对比

细说蝗虫

　　蝗虫走进我的视野，缘于多年前我看过一篇关于蝗灾的报道，说是蝗虫遮天蔽日，所到之处寸草不留，这使我的脑海里画了一连串的问号——小小的蝗虫怎么会有如此大的破坏力？蝗虫的生存状态是怎样的？蝗灾是怎么形成的？多年的跟踪拍摄让我对它们的行为及生活史有了更进一步的了解，脑海里的问号也变成了感叹号，最初的恐惧已衍变为敬畏。虽然蝗虫并不像动画片里形容的那样总是成群结队地摧毁庄稼，也不像传说中所描述的那样个个凶神恶煞般可怕，但是因为它们破坏农作物，甚至制造可怖的"蝗灾"，教科书中都把它们定性为害虫，人们对它们的憎恶和警觉是很自然的。对于昆虫中的害虫，从生态角度细说一下也是很必要的。

◎ 春寒料峭时，蝗虫的后代就孵化了，成群结队地从土里出来，它们静伏于树干上，耐心等待天气一点点变暖

平凡的身世

　　在昆虫王国里，蝗虫没有蜻蜓那样古老的显赫出身，没有螳螂那样一统江湖的霸主地位，也没有胡蜂那样面对强敌一针毙命的独门暗器，更没有蝴蝶那样翩翩的优雅舞姿。蝗虫就是俗称"蚱蜢、蚂蚱、草蜢子"的不完全变态动物。自然界的蝗虫处在食物链的下端，它们不但羞涩，胆子也非常小，对风吹草动异常敏感，因为

它们知道任何的麻痹大意都会给自己带来灭顶之灾。蝗虫一生都戴着害虫的帽子东躲西藏，在天敌追捕与猎杀的夹缝里艰难地寻求着生存之路。蝗虫的一生要经过卵、蝗蝻、成虫 3 个不同的成长阶段，一年一个世代，也有一年两代的，比如黄胫小车蝗。蝗虫有咀嚼式口器，嘴很大并且坚硬，是植食性昆虫，从蝗蝻到成虫一直吃素，通常以植物叶片为食。蝗虫的触角呈短鞭状，拥有强而有力的后足，可利用弹跳来避开天敌。如果遇到危险，还可断后足求生，这是祖上留下来的逃生本领。为了生

◎ 蝗蝻成功地换到了下一龄，等待它的将是更加险恶的江湖之路

◎ 树蟋也学着蝗虫的样子蜕皮，步入了成虫期

◎ 蚱蜢在墙根底下小心翼翼地完成一次蜕皮，初始阶段翅膀还是绿色的

存，蝗虫的身体进化出环境保护色，有黄色、绿色、褐色和绿褐混合色等。全世界已知的蝗虫超过 1 万多种，分布于热带、温带和沙漠地区，我国也有上百种之多。

直翅目的蝗虫由于体内含有丰富的维生素和胡萝卜素，还有人体需要的蛋白质、氨基酸等，所以自古以来一直是人们餐桌上的一道佳肴。此外，蝗虫还有极高的药用价值，是治疗破伤风、小儿惊风、咳嗽等的材料。一些人为此办起了蝗虫养殖基地，可以说是生财有道。

随风而行的吃货

在东北，每年的惊蛰前后，气象都会发生一些变化，雪逐渐转化为雨，雾霾也被风吹散。大风呼啸着时而在人们头顶盘旋，时而在人流中穿梭，它们卷起沙尘、枯叶、干草在空中飞舞着，不知疲倦地拼命地呼叫着春天。不多时日后，风吹开了河面，吹干了积雪，吹绿了山林，昆虫们也陆续开始出蛰了。去年秋天蝗虫妈妈在土壤里产下的卵经过一个冬天的漫长等待，如今已经感知到了外面的温度，它们苏醒后便开始轻微地躁动，接着蝗虫宝宝就从卵里孵化出来，尽管躯体非常柔软，但是它们仍能从坚硬的地面下破土而出，并很快适应外面的环境。触须传送给蝗虫宝宝生命的第一次记录，遗传在它们体内的传感系统可以敏锐地感知到雨水、温度和风的方向。

雄性条纹鸣蝗虽然翅膀在一次争斗中被扯断，但是仍然很乐观，图为其悠闲地啃食着草叶

　　由于冬日寒冷，大约只有10%的蝗虫宝宝能幸运地孵化出来。蝗虫宝宝的身体变硬后被称为蝗蝻。蝗蝻要经历5次蜕皮才能成长为蝗虫。每一次蜕皮对蝗蝻都是一次考验，只有身体强壮的个体才能成功地换到下一龄。完成了最后一次蜕皮，蝗虫就长出了翅膀，标志着成虫期的到来。翅膀让蝗虫有了飞行能力，与其他昆虫不同的是，它们会御风而行，借风势纵横万里。成年后的蝗虫胃口很大，为了能填饱肚子它们选择了迁移。蝗虫在气旋中盘旋，风到哪儿它们就飞到哪儿，显然，它们可以通过感知天气来决定迁移的时间。风把它们带到有绿色植被的地方，大量的蝗虫远离了出生地，来到食物充足的福地，没有人知道它们从哪里来，它们也没有故土难离的感觉，可以尽情地在这里繁衍生息。

　　◎　无齿稻蝗是蝗虫种类里比较害羞的，交尾的时候它们总是躲在叶子后面，安全永远放在第一位

相传成年蝗虫一天可以吃掉与自己体重等量的粮食，对农民来说无疑是一大害，田间地头只要有蝗虫，随时都会被消灭，有的被活捉后还变成了烧烤的美食。其实，我们对它们的了解实在是太少了——蝗虫的食物是很丰富多样的，除了稻谷外，草丛中的芦苇、稗草、白茅、狗牙草、空心菜及蒿类植物都是蝗虫喜爱的食物。只要能填饱肚子，它们从来不挑食。除非遇到干旱，否则它们对农作物的袭击是很有限的。

但是值得一提的是，有两种蝗虫的飞行能力最强，即东亚飞蝗和中华稻蝗。一旦时机成熟这两大飞行高手将对农作物造成极大的威胁。

◎ 躲在玉米地里的蝗虫小心翼翼地观察着外面的动静

◎ 都知道草尖上的叶子又嫩又好吃，谁不想咬尖儿呢？可是这对情侣要想吃到嘴还真不容易

205

天敌的围扰

从卵孵化为蝗蝻，到蝗蝻完成最后一次蜕皮成为蝗虫，再到最终完成交尾后产卵，蝗虫过的都是提心吊胆的日子。蝗虫的诸多天敌，比如林鸟、蛙、蜘蛛、螳螂、寄生蜂以及小小的螨虫处处都设下死亡陷阱，稍有不慎蝗虫就会成为这些捕食者的美餐。林鸟育雏阶段正值蝗虫的发生期，吃了营养丰富的蝗蝻，小鸟们会发育得非常快，小鸟早一天出飞就多一分安全。于是，鸟爸鸟妈们外出捕食的时候往往蝗蝻就是首选。由于蛙和蝗虫生活在相同的生态环境中，凡是长有芦苇、杂草的低洼地、坑塘、沟渠、溪流边，都是它们共生的场所，对蝗虫来说，不亚于天天都生活在噩梦里，对蛙而言简直就是饕餮盛宴。据统

◎ 这个稻蝗没能逃出鼓翅鸣螽的捕杀，绝望地等待死亡的来临

◎ 这只模仿泥土颜色的笨蝗还是没能骗过三道眉草鹀的眼睛。真是魔高一尺，道高一丈啊，等待它的将是 5 个嗷嗷待哺的小鸟

计，一只青蛙一个夏季能吃掉 1 万多只蝗虫，就连笨乎乎的蟾蜍也能消灭上千只。聪明的蜘蛛更是让蝗虫难逃罗网，它在蝗虫取食的植被上方拉起一张弹性十足的罗网，然后躲在暗处，耐心地等待猎物上钩。蝗虫小心翼翼地进食，一点点响动都会引起它们的警觉，其他昆虫在草中穿行也会让蝗虫们如临大敌，它们慌忙地四处跳跃，乱了方寸，只顾逃跑，自然就慌不择路，运气差的就跳到了丝网上，丝网的震动传递给等候多时的蜘蛛，蜘蛛迅速、准确、结实地将猎物打包，等蝗虫反应过来，已经被蛛丝捆得动弹不得。有着"草中杀手"称号的螳螂更是蝗虫的克星，螳螂举着大刀在蝗虫寻找食物的路上埋伏起来，做着"猫捉老鼠"的游戏。寄生蜂则把自己的卵产在蝗虫的体内"借壳下蛋"。螨虫则

◎ 真菌寄生在了这只可怜的稻蝗身上，它将一动不动，慢慢地死去。这就是民间传说中的"抱草瘟"

◎ 金蛛对猎物从来不手软，只要被其困住就没有生还的可能，这只可怜的蝗虫……

肆无忌惮地在蝗虫的身上爬来爬去，令其不爽又无可奈何。侥幸存活下来的蝗虫又会面临真菌的感染，真菌驱使蝗虫爬到草尖上，不吃不喝，不久抱草而死，死后真菌孢子从蝗虫的各个关节处逸出并在空中飘散。这种现象就是民间传说的"抱草瘟"。这也许是大自然对它们的报应吧，可见蝗虫生存之艰难。

◎ 看来这个雄性蝈蝈几天没东西吃了，连死去多日的草绿蝗都不放过

◎ 这对恋爱中的剑角蝗同时被真菌夺去了生命，死后它们紧紧地抱在一起，在夕阳下显得格外抢眼

◎ 长翅燕蝗与秃蝗交尾，真是大千世界无奇不有

最后的温情

　　"秋后的蚂蚱，蹦跶不了几天了"形容随着节气的更迭蝗虫的末日就要到来了。大难不死的蝗虫们也悄悄地迎来了自己的相亲盛会，由于受诸多环境气候条件的制约，活到最后的蝗虫总是雌雄比例失调，雄虫要多于雌虫，但是在争夺交尾权的问题上，它们并没有像锹甲那样大打出手，也没有像螳螂那样瞬间把老公当成食物吃掉。也许是感叹生命的来之不易吧，它们总是采取"一妻多夫制"来温和地解决。这种现象至今仍然是一个难解的谜。交尾后的雄虫很快就会死去，雌虫则选择一块"风水宝地"完成最后的产卵工作。它先是把产卵器扎进土里两厘米左右深，然后把卵顺着产卵器排进土里。在

◎ 每年一度的交尾季节来到了，雌性剑蝗表现得异常温和，两只雄性同时爬到它的背上也不恼火　　◎ 清晨躲在树叶下边交尾的笨蝗

◎ 交尾中的短额负蝗丝毫不受"内急"影响，因为交尾和排泄各走各的道

◎ 中华稻蝗在抓紧时间拼命进食。感觉器官告诉它雨就要来了。雨水会把叶子打湿，吃了这样的叶子蝗虫生病的概率会增高

◎ 拼到最后活下来的往往是雄多雌少，这不两个长翅幽蝗同时喜欢上了一个新娘

◎ 长翅素木蝗看上去就像身穿盔甲的卫士，在恋爱期间也是一脸的严肃

◎ 条纹鸣蝗雌雄异色，图中两个雄性在同时追求一个异性

○ 银毛泥蜂先挖一个小洞，再寻找猎物；一只倒霉的蝗虫被"选中"，被拖入洞中；银毛泥蜂在蝗虫身上产完卵，结束后把洞口填平，扬长而去

随后的日子里，雌虫也将会葬身尘土，它
们的后代会在春暖花开时延续生命的接力。

蝗灾的形成

农民们知道，蝗灾和旱灾总是相伴而
生的。我国古书上就有"旱极而蝗"的记载。
因为蝗虫是怕潮湿喜欢干燥的昆虫，蝗虫
取食的植物如果含水量高就会延迟它的生
长并降低生育能力。潮湿还会让蝗虫染上
各种疾病，产下的卵泡在水里是无法成活
的。多雨和阴湿对蝗虫来说是灭绝性的灾
难。遇到干旱的年份就大不相同了。干旱
的环境对它们的繁殖、生长发育和存活来
说简直就是天堂。土壤的湿度为 20% 左
右是最适合蝗虫产卵的。干旱使河流、湖
泊、水库、溪流的水面逐步缩小，同时低
洼地也会一点一点裸露出来，这就为蝗虫
产卵提供了最佳场所，产的卵的数量会大
增，最多的时候可达每平方米将近 5 000
个卵块，每个卵块中有约 60 粒卵，干旱
使卵的孵化率几近百分之百。干旱的环境
还使周围的植被含水量降低，也为蝗虫提
供了加速生长的食物。所以，一旦环境条
件合适，蝗虫的数量就呈几何倍数增长，
最终酿成蝗灾。

对于蝗灾，人们有很多种应对方法，
比如鸣金驱赶法、火烧法、沟坎深埋法、

◎ 蝗虫妈妈正在产卵，一只雄性蝗虫突然跳到其
背上，伺机再度交尾

◎ 沙土地最适合蝗虫妈妈产卵了

◎ 这对蝗虫恋人太投入了，全然没有发现头顶飞
来飞去准备寄生在自己身上的广大腿小蜂

◎ 一对秃蝗正在交尾，雄虫高高地抬起两个后足，上下摇摆，用以吓退其他前来交尾的雄虫

◎ 刚刚完成羽化的云斑车蝗疲惫地爬到"树杈"上休息，其实这是尺蛾的幼虫模拟树枝的样子来躲避天敌。这个有趣的画面刚好被我拍摄下来

◎ 这只雌性云斑车蝗选择一块风水宝地，用产卵
器钻出一个小洞，小心翼翼地把卵排在地里

◎ 少一只后足的中华剑角蝗来到沙土地上艰难
地产卵

掘种法，以及趁着清晨温度低、露水大、蝗虫还无法飞行的时候用大网捕捉等。但是无论是哪种方法都是局部地灭灾，不可能把蝗虫彻底消灭，而最后终结蝗灾的往往不是人类的作为，而是气候本身。

蝗灾是世界性的灾害，而且源远流长。蝗灾的发生主要是自然因素引起的，但不可否认的是，也有相当一部分是人为因素造成的。因为蝗虫必须在植被的覆盖率低于50%的土地上产卵。如果一个地方山清水秀，没有裸露的土地，蝗虫就无法大量繁殖。现在我们有很多地方生态意识存在误区，单纯认为治理污染才是保护环境，而忽略了改善蝗虫适生区的植被土壤。那么，一旦气候环境条件合适，就会酿成对自然界和人类伤害很大的蝗灾。建设美丽家园，保护生态环境，蝗灾才能被成功地搅和黄。

飞舞的『黄花』

"高楼晓见一花开，便觉春光四面来。暖日晴云知次第，东风不用更相催。" 唐代诗人令狐楚在《游春词》里说各种花的开放都有先后次序，不需要东风来催促，此话不无道理。

在北方的山里，到了 5 月，漫山遍野鲜花齐放，花色乱眼，花香怡人，踏青的人们也蜂拥而至。这个时节，倘若你来到山脚下，山坡各种叫不上名字的小花会让你目不暇接。可你一旦走近它们，奇怪的现象就会发生：一些"黄花"竟然腾空而起，在你的头顶盘旋，忽上忽下、若即若离，似仙女在空中撒下的花瓣，让你宛若置身幻境。

◎ 早上等待起飞的黄花蝶角蛉

◎ 准备起飞的黄花蝶角蛉

◎ 展翅中的雄性黄花蝶角蛉

◎ 黄花蝶角蛉的幼虫刚从茧里拱出来就迅速爬到高处，晾晒翅膀

移动的"花朵"

蒲公英的种子成熟后就会撑起小伞随风飘荡，这样的场景人们都见过。但有谁见过"花朵"能在空中自在飞舞呢？再凝神细瞧，就会发现，那飘飞的"花朵"是一种黄颜色的昆虫，它飞行的时候像蝴蝶，又像蜻蜓，只是个头比蝴蝶和蜻蜓小了许多。难怪好奇者会猜测说是蜻蜓与蝴蝶杂交的后代，还有人认为自己发现了新的物种，众说纷纭。

刚刚羽化出来的黄花蝶角蛉，这个时候它的触角和胸部还是淡肉色的，翅膀也很软。图中的黄花蝶角蛉正在晾晒自己的身体

其实，这个能在空中飞舞的"花朵"，就是黄花蝶角蛉。它们平时在草丛中休息，远看就像是一朵朵绽放的小黄花。当遇到惊扰时，它们就会迅速飞起，在空中盘旋，待危险解除后，它们才又重新降落。

蝶角蛉属脉翅目蝶角蛉科（为完全变态昆虫）。世界上已经发现的有400多种，我国有30多种。在蝶角蛉的家族中，数量最少、色彩最鲜艳的要数黄花蝶角蛉了。黄花蝶角蛉的成虫体长17到25毫米（雌性比雄性略大）；前翅比后翅长；体黑色、多茸毛；复眼很大，被黄色横沟分隔为二；触角端部膨大成扁球状，节间有淡色环；胸部及腹部为黑色；足胫节和腿节大部分为黄色。由于黄花蝶角蛉跟蝴蝶体貌相似，飞行姿态又酷似蜻蜓，所以经常被人们误认为是蝴蝶或蜻蜓就不足为怪了。

每年5月初，冬眠的茧开始陆续苏醒，这些幸存下来的茧苏醒后在地下直接完成羽化，而后马上钻出地面，爬到近处的草秆上，开始晾晒翅膀。黄花蝶角蛉的茧都是在清晨羽化的，因为早上的阳光有助于它们晒干翅膀。大约一个小时之后，胸部由开始的嫩粉色慢慢变为浅黑色，头部的茸毛也被风渐渐吹干，翅膀由软变硬。这时的黄花蝶角蛉已经具备了飞行的能力，它们先在原地不停地振动翅膀，做飞行前

◎ 早上黄花蝶角蛉做起飞前的准备

◎ 清晨，黄花蝶角蛉在太阳的映衬下
格外显眼。再过一会它们就可以起飞了

的最后准备，几秒后，便拔地而起，飞入空中。

黄花蝶角蛉飞行的速度虽然不是很快，但耐力很好。如果遇到大晴天，它们会尽情地在空中翩翩飞舞，尽享阳光下的快乐。赶上阴雨天，它们就休养生息，不再飞行了。黄花蝶角蛉喜光，这缘于它的趋光特性。到了傍晚，太阳下山了，它们就静伏于草丛中休息。它们很会享受生活，知道善待自己，真正做到了日出而行，日落而息。黄花蝶角蛉是肉食性昆虫，它们常常在飞行中捕食其他昆虫。当然不飞行的时候嘴也不会闲着，它们特别喜欢吃蚜虫。在自然界，黄花蝶角蛉一直在为控制蚜虫的数量做着贡献。值得一提的是，在这个季节里，蝈蝈、螳螂等凶猛的草丛杀手都还处于低龄期或者卵态，无法对黄花蝶角蛉构成威胁，只要能成功避开鸟类天敌，或者各种蜘蛛，它们基本过着"衣食无忧"的生活。

◎ 《六角争艳》获第五届全国昆虫摄影大赛二等奖

◎ 黄花蝶角蛉交尾时，雄性尾端的双月牙夹子夹住雌性尾端生殖器，姿态为一正一倒。交尾时间很短，这样的场景极难拍到

短暂的 "花期"

羽化过后3周左右，黄花蝶角蛉就到了繁殖季节。它们寻找"意中人"的方式比较特殊，那就是在空中举办"鹊桥会"。它们绕着山坡飞行，在空中寻找、追逐、嬉戏，一旦相中对方，雌虫、雄虫就立刻抱在一起，然而相拥使它们无法再飞行，于是它们会迅速竖直落下，在地面上完成交尾。由于它们的着陆点毫无确定性，所以这样的场面很少有人能观察到，更别说拍到了，这样就加强了其神秘性。交尾时雄虫尾端的对称月牙形钩子夹住雌虫尾端的生殖器，交尾的姿态为一正一倒，时间很短，几乎不到一分钟就结束了。

　　6 月是黄花蝶角蛉集中产卵的时间，它们一般选择在晴天的中午产卵，把卵产在光秃的草秆上，双行排列，比较密集，卵为椭圆形，卵面平滑，并有精孔两个。每粒卵有小米粒大小，卵色为淡黄色，孵化前变成暗黑色。一只雌性黄花蝶角蛉能产卵 60 粒左右，产完卵后会默默地死去，像花朵完成绽放后的凋零。

　　再过 20 多天，黄花蝶角蛉的幼虫就会陆续破卵孵化出来，幼虫刚一出来，身体就会显得很粗壮，头也很大，上颚长而弯曲，内缘有齿。腹部的背面和侧面有瘤突，瘤突上面有棘毛。幼虫孵出后在卵壳边稍事休息，便陆续掉落到草丛中。它们躲藏在植物叶面下、石头缝隙旁、草棍根部等地方，黄花蝶角蛉的幼虫捕食的时候静止不动，耐心等待小于

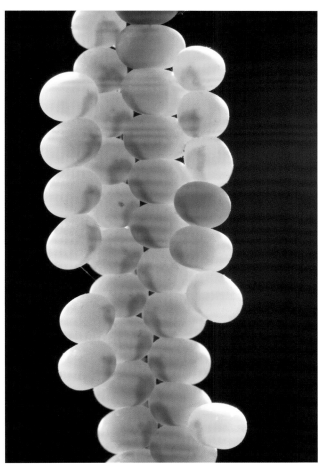

◎ 用超微距镜头拍摄的黄花蝶角蛉的卵，淡黄色的为刚产的卵，浅黑色的为即将孵化的卵

◎ 接近中午，黄花
蝶角蛉开始产卵了

◎ 一只雌性黄花蝶角蛉能产60粒左右
的卵，它们一般把卵产在干草枝上

自己的猎物出现，幼虫长大后在地下做茧越冬。

7月的山里，在空中领舞的已经不是黄花蝶角蛉了。丝带凤蝶、金凤蝶依次登场了。此时的黄花蝶角蛉已经完成了一次生命的绽放，虽然自己葬身于尘土，但其后代正在以幼虫的形态延续着生命的接力。故事又将返回到开始的地方。

◎ 黄花蝶角蛉的幼虫成功地破卵而出，它们将在这里做短暂的停留，然后陆续掉落到草丛中

◎ 完成使命的雌性黄花蝶角蛉孤单地落在草秆上，等待它的将是死亡。过些日子它的后代会以幼虫的形态来延续生命的接力

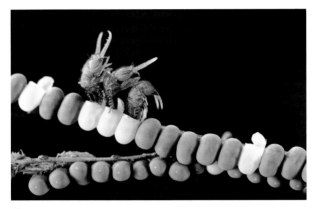

◎ 《正在孵化的黄花蝶角蛉幼虫》获第四届全国
昆虫摄影大赛二等奖

◎ 浑身沾满露水的黄花蝶角蛉

古语云"上善若水，水善利万物而不争"，露水亦如此——昆虫依靠露水的滋润而生发，凭借露水的掩护而成长，露水与昆虫演绎着自然界的生态奇观，构成了不可多得的一道风景。露水洒落在昆虫身上，使它们具有了恍若来自外星球的样貌。在摄影师王江的镜头里，这些飘落凡间的精灵被展现得淋漓尽致，讲述了一个个昆虫和露水的故事……

昆虫与露水的故事

◎ 水晶之恋（获第三届全国昆虫摄影大赛一等奖）

古人视露水为神水，称为甘露；现代人把露水奉为无根水，用于茶道。露水珠圆玉润，昆虫灵动不息，昆虫与露水演绎了迷离交错的圆、源与缘的故事。

当数不清的露水从四面八方汇集在昆虫熟睡的身体上，这些小小的精灵仿佛一夜之间变成了价值连城的奇珍异宝。蜻蜓周身镶满了钻石，蝴蝶披上了挂满珍珠的风衣，食虫虻顶着满头的玛瑙，就连与世无争的蜉蝣也水晶般晶莹剔透，如果不是常年和它们打交道，你还真一下子认不出它们姓甚名谁，乡居何处。每当这些神态

◎ 露水施了魔法，让剑客食虫虻暂时放下屠刀

◎ 空中杀手们到了晚上便无家可归，它们不得不委身于草丛中，以御长夜微寒

◎ 靛灰蝶披着满是珍珠的"风衣"摇摆在草尖上

◎ 这是一只黄蜻，周身镶满了大小不一的"钻石"，在湿漉漉的草秆上炫耀

◎ 镶钻的小灰蝶

◎ 大珠小珠落一身

229

迥异又稍纵即逝的瞬间被相机定格,画面里露水覆盖昆虫的奇妙景象让人惊叹、引人遐想、令人陶醉。而在你还为这神奇的一刻赞叹不已时,昆虫身上的露水已随着清晨的第一缕阳光的到来慢慢褪去。

法力无边的魔法师

一年当中,只有进入秋季后才能如临其境地体会到陶渊明的"道狭草木长,夕露沾我衣"的意境。在这样的季节,空气的湿度变化无常,太阳下山的时候卷走了地面的热量,无风的夜晚又加速了温度的降低,使空气中的水汽达到了过饱和状态,多余的水蒸气无处释放,便在空中自由弥漫。伴随着温差的加剧,水蒸气越聚越多,最终从拥挤的空中飘落下来,它们侵占了草丛中的每个角落,实现了水的凝结,从而形成露水。

露水初始是非常小的个体,肉眼难辨,着陆后急速靠拢,合并在一起,越滚越大,直到集合成一个圆圆的露珠。进入下半夜,草尖上、昆虫身上、蜘蛛网上都已挂满了大小不一、错落有致的露珠了。翌晨,植物的芳香混合在清新的空气中,沁人心脾。山坡上、

◎ 晨露湿山野,玉珠镶梦蝶。待得朝阳来,振翅过山阙

◎ 大雾过后身披露水的小羽蛾在静静地等待阳光的照射

◎ 草蛉薄如蝉翼的翅膀被露水包裹得密密实实

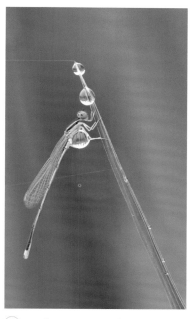

◎ 天真的豆娘把露珠当作"珍珠"
抱在怀里，好像抱着一个宝贝

◎ 猎蝽浑身上下挂满了露水，本来苗条的身材看上去臃肿了许多

◎ 苍蝇躲在不显眼的
地方，依然是一身露水

◎ 突如其来的露水让一对"恋人"
动弹不得

◎ 雌性金蛛被露珠牢牢地"粘"在
网上，动弹不得

河岸边、草丛中，满眼都是露水的世界，这时的昆虫像是被施了魔法一样，在草叶上动弹不得。蓝灰蝶落在草尖上，"大汗淋漓"，像是刚刚蒸完桑拿；小羽蛾背负儿倍于自己体重的露珠倒挂在草叶下，大珠小珠相映成趣；草蛉那对薄如蝉翼的翅膀被露珠包裹得密密实实，因为超重把小草压弯了腰；猎蝽扶着草秆，略显笨重，原本苗条的身材变得臃肿起来；豆娘天真地把露珠当作"珍珠"搂在怀里，生怕被太阳偷走；自知名声不佳的苍蝇湿漉漉地落在不起眼的矮草旁，对这个一生以逃命为先的昆虫来说，只有晨露才是它向往已久的护身符；平日里经常流连在花间斗艳的蝶角蛉已然成了"落汤鸡"，因怕遭到百花嘲笑，害羞地躲在草丛的一隅。

正是露水施的魔法让山野里充满神秘、安静与祥和。

匆匆离去的和平使者

露水不但有使昆虫变身的魔法，同时还是它们的和平使者，这在一定程度上减缓了某些珍稀物种消失的步伐。露水可以让草丛中的顶级杀手螳螂放下"屠刀"，可以使昆虫的近亲金园蛛捕猎的丝网失去黏性，可以让以咬力见长的螽斯无法启齿，可以迫使瓢虫面对唾手可得的蚜虫难动杀心，可以控制饥饿的蝗虫对新鲜的稻谷失去兴趣。在露水持续的低温下，昆虫界最凶猛的杀手往往和最弱小的可怜虫只隔着一片草叶相安无事，有时，甚至相互依偎、相互取暖。昆虫们放弃了白天的争斗与恩怨，尽情地享受露水带给它们的短暂安宁。

太阳的出现改变了露水的布局。随着旭日东升，草丛中一丝轻风不经意间掠过，草叶轻轻地晃动，圆圆的露珠借助风力开始滚动，小露珠们相互聚集，草尖承受不了这样的压力，使露珠顺着草叶的"滑梯"滚落下来，砸在下面的叶子上，溅起无数个小露珠，这些小露珠再聚集，再往低处滚落。露珠滴答仿佛是一首动听的晨曲，唤醒了半梦半醒之间的昆虫。最先醒来的是看上去弱不禁风，实则身手敏捷的小茧蜂，这个没有芝麻大的昆虫警惕性极高，从来不贪睡，因为它知道稍有不慎就会成为它虫的盘中餐。小茧蜂在满是露珠的草

◎ 《镶钻》获第五届全国昆虫摄影大赛三等奖

◎ 晨露让豆娘无论做何努力都打不开这"沉重"的翅膀

◎ 沉沉的露水让寄生蝇暂时还无法飞行，露水使
的定身术让它无法出去做"坏事"

叶上放松地伸个懒腰，然后又对着身边巨
大的露珠做个鬼脸，圆圆的露珠此刻竟成
了它的"哈哈镜"，看到镜中的自己比平
时"强大"许多，便摆出一副得意的样子。
突然，它似乎察觉到草丛中的异动，旋即
风一样溜之大吉了。原来是号称空中杀手
的蜻蜓醒了，它用前足漫不经心地抹去挂
在复眼上的露珠，就像人擦去眼镜上的哈
气。虽然翅膀上的露水尚未褪尽，暂时还
无法飞行，但它凭着高清的复眼已经敏锐

◎ 露水帮助双线斜尺蛾完成了一个高难的体
操动作

◎ 亮翅毛斑蛾可是稀罕物，平时很少见，身上披挂露水的更是难得一见

◎ 金蛛马上就要把网织完了，可惜被露水施了魔法，只能等待早晨的太阳了

◎ 这个小蚊子身后悬着一个巨大的露珠，随时都会滚落下来，小蚊子"命悬一线"

地观察到了"美食"的方位，耐心地等待着温度的上升，同时还盘算着如何一击制胜。其实，被蜻蜓看作"美食"的隐虻蝇也非等闲之辈，早就通过余光发现了潜在的危险，面对"巨无霸"它不露声色，暗地里悄悄用后足在翅膀上刮来刮去，让翅膀快点恢复活力，早一分逃离险境，就多一分活命的可能。

离不开的生命之源

在自然界中，大多数昆虫离不开露水的滋润，它们受露水恩泽，与露水相伴，甚至还要依靠露水传递信息。在一定意义上说露水是昆虫的生命之源。例如，鸣鸣蝉在昆虫界算是体形较大的，翅膀宽且长。它们的幼虫成熟后就会从土里拱出来，爬到树枝上、草秆上以及较宽的叶子上羽化为成虫，聪明的幼虫一般不会选择白天羽化，因为稚嫩的翅膀在太阳的炙烤下会出现断裂，使其无法飞行。流淌在幼虫体内的"基因之河"帮助它在夜间完成羽化，露水让新生的翅膀像是抹上了一层润滑剂，鸣鸣蝉羽化成功了。蟋蟀换龄的时候也会选择在晚上进行，露水滋润着它的"干性皮肤"，不到两个小时，就顺利地把旧衣服脱了下来。埋葬虫是昆虫界少有的腐食性昆虫，它们白天躲藏在暗处，夜间出来觅食，以撕扯动物的尸体为第一快感。夜晚来临，黑暗的缝隙中钻出来一批神秘的"僵尸"，凭着出色的视觉与触觉，在草丛的落叶里"打扫战场"，寻找在白天争

◎ 雌丝带凤蝶全身挂满了露水

斗中死去的昆虫，这些神秘的"僵尸"就是埋葬虫。它们大摇大摆地在草中穿行，甚至与天敌擦肩而过。这一切也都得益于露水施的魔法，让职业杀手们一叶障目。埋葬虫正是掌握了这样的出行规律，才保持了种群的长盛不衰。

◎ 这么大的露水都没拦住花萤谈情说爱的决心

◎ 绒蜂虻的身上挂满了露水，远看好似镶满了大小不一的钻石

◎ 食蚜蝇的翅膀都残破了，还依依不舍地恋着露水

237

◎ 毛蚊背一个大大的露珠，动弹不得

◎ 露水让空中杀手暂停了杀戮，虫界迎来了短暂的和平与宁静

失去庇佑的虫界

当最后一滴露珠被太阳晒干，露水施在昆虫身上的魔法也就彻底失去了作用，昆虫们渐渐地恢复了活力。知了并不知晓自己身处险境，率先亮开嗓子领唱，尾随其后的杀手螳螂早就对它垂涎欲滴了，蝉鸣就是杀手的餐前序曲；机警的蝴蝶快速抖动着翅膀，眨眼就没了踪影；朦胧中初醒的蝈蝈饥肠辘辘，它在猎物必经的路口设下埋伏，期待着一顿像样的早餐；昆虫的近亲金园蛛的丝网刚刚恢复黏性，一只倒霉的草蛉就闯入了网中，跳着死亡之舞，对金园蛛来说无疑是要开饭了；身单影孤的螟蛾迅速地躲藏在叶子背面，它知道一个疏忽就有可能会使自己送命，安全永远比早餐更重要；失去露水掩护的蚜虫好日子也到头了，瓢虫兴奋地吃着新鲜的"甜点"；蝗虫迫不及待地进食了，这个吃货有着一个贪得无厌的胃，一顿能吃下与自己体重等量的食物；俗称二尾夹的蠼螋开始活

动了，它左顾右盼，在草间缓慢地行走，在杀机四伏的草丛中，每走一步都必须小心谨慎，否则将会变成它的最后一步；由于早上的低温制约了蜻蜓的反应速度，刚才那个隐虻蝇如愿以偿地逃脱了，不过蜻蜓并没有灰心，它有着充足的体力在空中盘旋，高超的飞行技术加上出众的捕猎技巧，让弱小的昆虫防不胜防，填饱肚子肯定不是问题；整片草丛只有蜉蝣一动没动，依然静卧于草叶上，镇定自若。原来这个与恐龙同时代的古老昆虫为了适应地壳变迁的节奏，它们的稚虫在出水前简化掉了口器和胃，轻装羽化，成虫只带着交尾的任务登陆，寿命为一日，这种别出心裁的设计让种群得以延续至今。没有"嘴"的蜉蝣不需要进食，它们不仅没有多余的体力闲逛，更没有与它虫争斗的本钱，体内只储存了可供飞行不到一小时的能量，这珍贵的"燃油"要留给晚上河岸边的相亲盛会，对蜉蝣来说出生地就是葬身地。这是前世的约定，曲终虫亡。

◎ 深秋的露水挂满了蜻蜓的翅膀

◎ 一滴露珠在金凤蝶的幼虫身上久久不愿离去

◎ 眼蝇是生活在较高海
拔的地区的昆虫，露水让
它们在逃命生涯中得到了
短暂的喘息

◎ 银毛泥蜂披上一层厚厚的露水，
耐心地等待着，不多时它就会露出杀
手的本色

◎ 小红帽蜉蝣头上顶着几颗大露珠在草叶上静伏

◎ 露水让剑客收起杀心，祈祷太阳早点出来

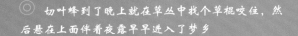

◎ 切叶蜂到了晚上就在草丛中找个草棍咬住，然后悬在上面伴着夜露早早进入了梦乡

◎ 天气突变，露水变成了清霜，来不及回巢的金环胡蜂被冻死在外面

◎ 落单的金环胡蜂被霜彻底打蔫了

最后的恋露者

白昼越来越短，太阳的威力逐渐减弱。当气温降到 0 摄氏度以下时，接近地面的空气中的水汽凝结为白色结晶，即露结为霜，也叫霜露。

一般来说，霜露到来之前，大部分昆虫已经冬眠了，以不同的虫态停止了活动。但是总会有一些贪玩的昆虫，留恋与露水相伴的甜蜜，怀念与露水相拥的默契，竟忘记了霜进露退的严酷时序，多次错过了传宗接代的档期。冬天的使者踏着秋风吹落的残叶如期而至了，季节转换，岸边的小草上铺满薄薄一层清霜，远远看去像是一块没有边缘的画布。叶子的四周都镶满了银边。曾经被信赖的和平使者此刻变了脸，变成了寒冷的冰珠，昆虫与露水上演

◎ 清霜袭来，让蜜蜂来不及躲藏，只有太阳能解救这个奄奄一息的生命

◎ 霜把小豆长喙天蛾牢牢地"钉"在了野西瓜苗上

◎ 空中霸主蜻蜓也在下霜的晚上结束了自己"浪漫"的一生

的连续剧终于迎来了大结局。然而，就在河岸边的不远处，一对恋露的大蚊身上挂满了冰珠，落在早已被霜打蔫的枯草上不离不弃。大蚊算是蚊子的远房亲戚，虽然从来不叮咬人类，但是因为长相酷似蚊子而受到株连。竟有人误传大蚊是传播疟疾、大脑炎等疾病的罪魁祸首。流言蜚语让大蚊无处安身。眼前这对恋虫用最后的意念完成了神圣的告别仪式成为最后的恋露者。

当无情的霜露秒杀了最后一批不愿离去的昆虫时，那些平素受到露水恩惠的生灵们不得不在这个生命的舞台上黯然谢幕。它们的后代要想在蕴藏着不可预知的危险的荒野中度过漫长的冬天也绝非易事。只有那些能从严寒里熬过来的幸运儿，才有机会在来年与露水再续前缘。

◎ 身披露水的蜻蜓

宏宏也 『猫冬』

◎ 早上的太阳映衬着在草秆上的两个美姝凤蝶蛹

在我们东北，到了冬天都有"猫冬"的习俗。"猫"字形义俱佳，代表躲藏。"猫冬"就是在家里躲避严寒。城里的居民靠暖气取暖，山里人则可以坐在自家的热炕头上，咂巴着小酒，听山风呼号，看窗外飞雪，足不出户，其乐融融。人是如此，那么昆虫面对这调成"速冻"模式的世界，又有什么鲜为人知的高招呢？

寒冬，是昆虫延续生命必经的生死关口，它们祖祖辈辈与寒冷打交道，积累了很多非常实用的妙招。但由于它们一生大多分为卵、幼虫、蛹、成虫 4 个不同的虫态，不可能有一个统一的过冬模式，所以哪个虫态适应力最强，就由其担任"猫冬"的重任，最后再完成物种的延续，八仙过海，各显其能，这成了昆虫"猫冬"的一大奇观。

入土为安

深秋，太阳落下得越来越早，黑夜慢慢变长。早晨太阳升起得越来越晚，随着白天的缩短，气温也在逐渐下降。这些细微的天气变化让昆虫们感知到冬天快要临近了。

◎ 蝈螽妈妈选好地点后迅速地产卵，因为节气的变化，留给它的时间不多了

◎ 长翅素木蝗正在抓紧交尾，天气转凉，留给它们的时间不多了

◎ 箩纹蛾的成熟幼虫吃得脑满肠肥，
它在计算着下地的日子

◎ 大紫蛱蝶的低龄幼虫正在往下
爬，它准备在厚叶子底下"猫冬"了

最敏感的要算蝗虫妈妈了，"秋后的蚂蚱，蹦跶不了几天了"，这句俗语就是指留给它们的时间不多了。蝗虫算是体形较大的昆虫，以闹蝗灾在虫界闻名遐迩，但其短板就是怕冷。成虫无论如何是无法越冬的，要想延续香火，就只能依靠自己的卵在土里"猫冬"。恋爱后的蝗虫爸爸恋恋不舍地走到了生命的尽头，蝗虫妈妈带着夫君及家族的希望开始寻找产卵的场所，爬过草地、飞越山谷，终于在一个小山坡上相中了一块方寸大小的"风水宝地"，它兴奋地用后腿先将待孕的身体支起来，腹部下弯，末端触地，先排出一些液体，让土壤湿润，然后再用力下钻，大约15分钟的时间，钻出一个3厘米深的小洞，便迅速往洞中产卵，它一面产卵，一面分泌黏液，把刚刚产出的卵密封起来。产完卵的蝗虫妈妈并没有迅速离开，它左看看右看看，觉得万无一失了，才小心翼翼地把洞口用土填满。这样，一个育婴暖房才算是成功建成了。此时，蝗虫妈妈也已经筋疲力尽，它无缘再见到自己的孩子们，会在随后日渐变冷的天气里耗尽最后的体力，真是"可怜天下父母心"啊！螽斯妈妈在一旁把邻居蝗虫妈妈的产卵过程看在眼里，几天后也依样画葫芦，把卵产进土里，不过它也有自己的独门秘诀，它刺一个洞，产一枚卵，产完所有卵需要刺

◎ 甘薯天蛾的蛹刚开始是绿色的，大约2天后就会变成深褐色

◎ 甘薯天蛾做蛹很有创造性，把自己的尾巴变成了酷似笔夹的小钩，这样在土里就能保持平衡了

◎ 准备越冬的榆凤蛾的幼虫

很多个小洞，虽然工作很辛苦，却能"旱涝保收"。

选择入土越冬的并非只有卵，有些昆虫的幼虫凭着娇小的身躯也能与严寒做斗争，尽显生命的顽强。比如大紫蛱蝶的幼虫，它的寄主是小叶朴树，可是当它才3龄的时候，天气就转凉了，叶子也开始衰老并脱落，断了口粮的它无法再进食，只好顺着树干爬到地面上，钻到厚厚的落叶层中"猫冬"，也算是入土了。它一动不动，任凭外边北风呼啸，大雪纷飞。直到来年春天，朴树发芽的时候，它才悄悄地

◎ 蜻蜓的稚虫钻进了河泥里，也准备"猫冬"了

◎ 越冬的葡萄天蛾蛹

249

回到树上，品尝久违的嫩叶。

尺蛾成熟的幼虫感觉到温度的变化，凭着独特的吐丝本领从树上悠然而下，人们称它为"吊死鬼"，其实它并不是在寻死，而是借此平稳着陆，它像一个小姑娘在轻盈地荡秋千，随风飘落到地上；榆凤蛾成熟的幼虫由于身体外表长有一层白色蜡粉，不对天敌的胃口，所以不急不慢地踱着方步走到地面上来；甘薯天蛾、箩纹蛾成熟的幼虫吃得身宽体胖，不情愿地从寄主地瓜秧子、蜡木树上笨拙地爬了下来。它们不约而同地来到地面上，稍做停留便往土里钻去，钻到离地面大约9厘米深的地方，陆续变成蛹，以蛹态"猫冬"。地下的温度比地面高出很多，在这里不但可以抵御寒冷，同时也能躲避天敌的入侵。这些幼虫们自幼脱离父母的照顾，选择入土为安是"物竞天择，适者生存"自然法则的具体实践。

动手建房

秋高气爽，寒冷逼近，对昆虫来说好日子真的不多了。一些戴盔披甲的昆虫自恃有一身保暖的外衣还在游荡着，留恋着入冬以前最后的时光，暂时不必去躲躲藏藏。但很快，

◎ 毒蛾妈妈在树干上给自己的宝宝铺了厚厚一层毛毯

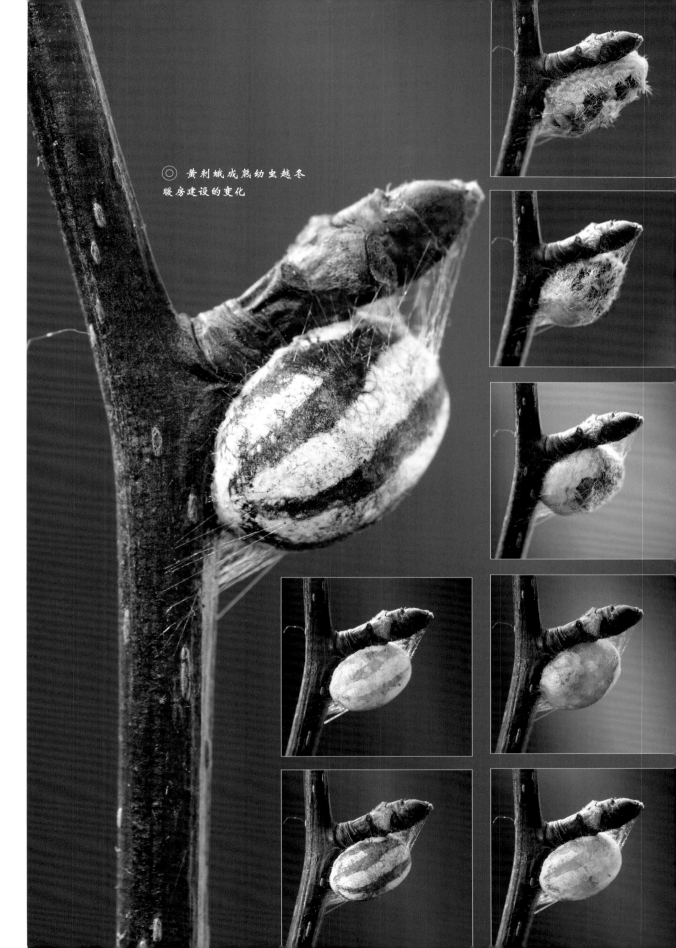

◎ 黄刺蛾成熟幼虫越冬
暖房建设的变化

◎ 杨二尾舟蛾幼虫设计越冬暖房过程

◎ 杨二尾舟蛾的
成熟幼虫正在设计
"猫冬"的暖房

松软的土地开始变硬，植物也卸去了浓妆，对于不能入土的昆虫来说，只能另辟蹊径了。黄刺蛾的成熟幼虫平日里性情暴躁，谁碰它就刺谁，一旦被蜇刺会痛痒好几天，所以，人们叫它"洋辣子"。到了白露节气，自知时日不多，它便收起了锋芒，准备"猫冬"了。它有独到的本领，能建造一所华丽的暖房，先是选好中意的树杈，然后啃下一小块树皮，和着吐出的黏液，铺筑一个坚固的窝棚，大约几小时就盖完了，最后还在这间房子的外表装饰了与树干相近的竖条花纹，来迷惑天敌，而自己则蜷缩在硬茧里睡大觉。凛冽的寒风撕扯着树上的枯叶片，黄刺蛾的窝棚却十分安稳，任凭狂风肆虐，丝毫没有脱落的危险。杨二尾舟蛾成熟的幼虫虽不如黄刺蛾的幼虫凶悍，但如果招惹它，它就会将尾巴翘起来，甩出两根红色的辫子左右摇摆，对入侵者示以警告，虽不能伤到人，却足以吓退天敌。此幼虫做事谨慎且很有预见，先选好树干，再用锋利的大牙把树皮咬穿，啃出一个槽形卧床，再将木质部咬成碎渣，用吐出来的丝和黏液把碎渣粘接起来，制成一个槽盖，自己躺入卧床，盖上盖子，然后在里面化蛹。这样的暖房真是天衣无缝，8级地震也奈何不了它。小家伙可以安心地在摇篮中"猫冬"，等待春天的到来。

　　再说说螳螂，螳螂家族的成员仗着手里有"屠龙刀"，性情残暴、嗜杀成性，饥饿

◎ 中华大刀螳把卵产在树皮里，它的后代就在这个卵鞘里与冬天抗衡

时连小型的哺乳动物都不放过，故有草中老虎之称。不过它们的平均寿命仅6个月左右，也就是说无论如何保养，都看不到来年的春天。新婚之夜后，按照家族的习俗，螳螂新娘吃掉了自己心爱的新郎，积累了足够的能量，开始寻找产卵的地方。只要是阳面，石头上、树枝上、草秆上、植物的果实上都是合适的产卵场所。螳螂新娘先在选好的地方筑一道围墙，再把鲜嫩的卵依次排列在里面。然后再加高一层，再产出许多卵，如此反复十几次之后，才算完工。它的脚法十分娴熟，这暖房无论是在外观设计上，还是保暖程度上，都比其他昆虫更胜一筹，让别的昆虫自叹弗如。

还有一些昆虫会因地制宜，就地选材。比如天牛的幼虫长期生活在树干中，平日里就像一个不知疲倦的伐木工，在树里面穿梭。当秋风摇晃着大树的时候，它就意识到冬天不远了，它不紧不慢，只需用木屑和粪便将外面的门堵严实便能高枕无忧了。鸣鸣蝉，

◎ 冬天，螳螂宝宝在妈妈编织的卵鞘里安然"猫冬"

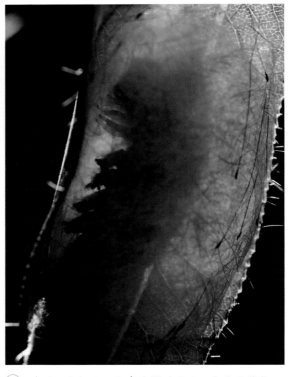

◎ 蛾的幼虫把自己包裹在树叶里面，它要做茧越冬了

就是大家熟悉的知了，则将卵就近产在树木枝条里，它用长长的产卵器穿过树皮把卵送入枝条的木质部，以确保卵的安全。冰清绢蝶把卵随意产在枯树枝、草秆儿上，裸露在外面越冬，真是心大啊。还有一种名叫果实斑螟蛾的昆虫，其幼虫过冬办法堪称一绝，每年到了果实成熟的时候，它就钻入果心，然后静静地等待果农来采摘，自然而然就找到合适的过冬场所了，实在是高！

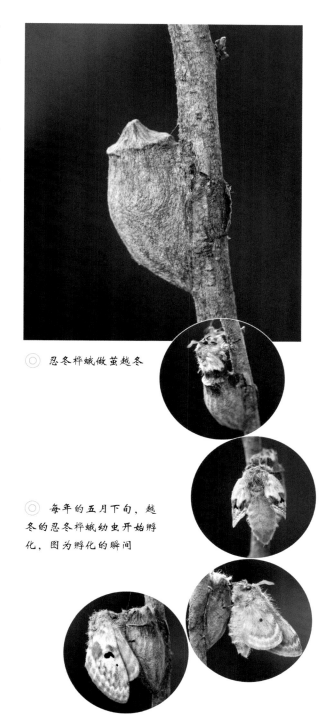

◎ 忍冬桦蛾做茧越冬

◎ 每年的五月下旬，越冬的忍冬桦蛾幼虫开始孵化，图为孵化的瞬间

◎ 这个囊既结实又保暖，可见蛾妈妈为了下一代能成功猫冬是费了一番心思的

更换冬衣

麝凤蝶、丝带凤蝶、碧凤蝶、美姝凤蝶，这些凤蝶的幼虫成熟后有一个共性，就是都以蛹的形态度过漫长冬季。随着寄主上的叶子慢慢飘落，它们便爬到远离寄主的荒乱杂草丛里、隐蔽的石头缝中或枯萎矮作物的秸秆上，这些地方既隐蔽又御寒。选好了地点后，它们就开始一丝不苟地工作了。事关生死存亡，每一个环节都不能出错。它们先吐细丝将尾部和栖居的物体粘牢，再转过身吐出一根较粗的丝，将自己的身体与树干等物体绑在一起，把自己的身体固定住，然后就静静地等待裂变。两天后，它们艰难地蜕下幼虫时期的最后一层单衣，变成一个包着一层棉服的蛹，尽管如此，仍还有太多的危险等着它们：秋末寻找寄主准备产卵的寄生蜂、严冬饥肠辘辘的麻雀都会把它们当作美餐，它们必须想办法保护自己。"道高一尺，魔高一丈"，于是凤蝶们在化蛹的时候舍弃了鲜艳的绿色，更多地用土黄色或褐色来打扮自己，就连纹理都酷似树皮。这完美的拟态几乎可以让它们瞬间消失在你的眼前。天敌们要想找到一个凤蝶蛹，几乎是大海捞针。

◎ 成功躲避严寒的碧凤蝶的蛹悄悄地化蝶了。图为难得的化蝶瞬间

◎ 柑橘凤蝶成熟幼虫完成"猫冬"前的准备大约需要3天

◎ 东亚豆粉蝶以蛹态越冬

◎ 越冬的麝凤蝶蛹

◎ 这一对丝带凤蝶的幼虫相约一起越冬，于是它们把蛹做在了一起

大叶黄杨长毛斑蛾妈妈居然把卵粒直接产在树干的表面上，难道不怕冷吗？不，仔细分辨，会发现卵上都覆盖着一层松软的棉服。原来这是斑蛾妈妈用自己腹部的绒毛铺就的，完成了使命，就结束了生命。悲哉？壮哉！枯叶蛾的幼虫叫"松毛虫"，它非常勇敢，既不躲避寒风也不作茧自缚，只是偏于一隅，静卧于树丛中，把它自身一层密集的短毛权当御寒的棉服。真可谓"艺高虫胆大"啊。

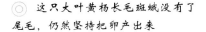

这只大叶黄杨长毛斑蛾没有了尾毛，仍然坚持把卵产出来

晚秋一对大叶黄杨长毛斑蛾终于擦出爱的火花

◎ 冰清绢蝶
以卵态越冬

◎ 大叶黄杨长毛斑蛾妈妈一边产卵一边把
自己浓密的尾毛都铺在上面，可见母亲用心
之良苦

◎ 产完卵的大叶黄杨长毛斑
蛾已经筋疲力尽了

◎ 随着冬天的临近，野
蚕蛾妈妈产完卵后，与落
叶一起无奈地谢幕了

要单有理

冻不死算命大，来年还是条好汉，要单怎么啦？很多昆虫的成虫都是抱着这样想法对抗冬天的，不采取任何防护措施，当然它们都有抗寒的基因条件和值得去死的价值。比如胡蜂、蚊子、瓢虫、黄钩蛱蝶、孔雀蛱蝶等，它们都是以成虫形态过冬的。成虫过冬的先决条件是能取食，以储备足够冬季消耗的养分，还要有坚强的体魄和特殊的抗寒能力。让人谈蜂色变的胡蜂失去了往日不可一世的威风，它们三三两两围在一起或躲藏在石头缝隙中，或栖身于枯叶子底下，抱团取暖。尽管如此，大部分胡蜂是熬不过冬天的，存活率不及万分之五，能有幸熬过来的就是来年的蜂后。难怪它们不惜冒着被冻死的风险也要选择要单过冬，蜂后的吸引力还是非常诱虫的。蚊子的越冬条件就更差了，羸弱的它们会陆续被冻死，只有少数躲进地窖里、农作物的夹层里、窨井中、柴火垛里的才

◎ 孔雀蛱蝶就是以成虫形态越冬的

261

◎ 在树窝里准备"猫冬"的瓢虫，它们会在余下的日子里越聚越多

◎ 金环胡蜂躲在枯树缝里越冬，由于没有同伴一起取暖，已经冻得奄奄一息

◎ 黄钩蛱蝶抓紧时间交尾了，交尾结束后雄虫会死去，雌虫担负着越冬的重任

◎ 马蜂虽然没有胡蜂凶狠，但是蜇人一点也不含糊。山里大雪纷飞，昔日的王国已经崩塌

能勉强苟活。如果你将一捆大葱从外面拿进厨房，葱叶里"猫冬"的蚊子就会死灰复燃，你夜间的梦魇就此开始。所以入冬的大葱要先在外面晒干，去掉烂叶子后再拿进屋里。瓢虫的越冬方式很是壮观，数百甚至数千只瓢虫聚集在一起，不食不动，新陈代谢降到最低水平，处于蛰伏状态。它们靠庞大的"朋友圈"选好场所后集体越冬，来年春天一起飞出。在蝴蝶的家族中，属黄钩蛱蝶与孔雀蛱蝶最勇敢了，它们既不以卵态越冬，也不化蛹抗寒，而是以成虫的形态直面严寒，单打独斗。它们找一处避风的地方，然后把足都蜷缩起来，紧紧地收拢翅膀，让自身的活动和消耗减到最小。当然，无风和气温回暖的时候它们也会展开翅膀享受一下久违的日光浴，汲取更多的能量，继续与冬天抗衡，尽显"我就耍单我怕谁"的牛劲。

◎ 这只可怜的弄蝶没有熬过霜冻

◎ 一场突如其来的霜冻结束了东亚豆粉蝶的生命

◎ 无论如何豆粉蝶是熬不过严冬的，它们的后代将以蛹的形态越冬

油菜花蜂不停地把采回来的蜜储存在洞中，它们准备"猫冬"了

◎ 这只没来得及产卵的蜉蝣遇到了霜冻

立冬，真正意义上的冬天终于到了，它用冰冷的臂膀把大地拥抱，少数来不及做准备的昆虫或冻死，或饿死。但大多数

早已在安乐窝里安稳地睡觉。整个冬天它们长眠不醒，一直睡到第二年春天来临。值得一提的是，东北的竹节虫滞育期更长些，它要以卵的形态一直睡两个冬天才能苏醒，真是令人惊奇不已。

寒暑易节，四季轮回，昆虫用五花八门的方式"猫冬"，它们用惊人的繁殖力使得相当数量的后代能熬过严冬，迎来明媚清朗的春天，我们也就年年可以听到蝉鸣虫叫，看到彩蝶飞舞，当然也包括苍蝇乱撞，蚊子嗡嗡，这就是神奇的大自然！

◎ 雪还没有融化，山里的虎凤蝶蛹就化蝶了，它的寄主细辛草还没发芽，可怜的家伙还得多熬些时日呢